LIDESHUREN FUWUSHEHUI
XINANMINZUDAXUE
YINGYONGXINLIXUEZHUANYE
JIAOYANLUNWENJI

立德树人 服务社会

西南民族大学应用心理学专业教研论文集

王晓刚　程科　张晨光　主编

民族出版社

图书在版编目（CIP）数据

立德树人　服务社会：西南民族大学应用心理学专业教研论文集 / 王晓刚，程科，张晨光主编．— 北京：民族出版社，2023.6

ISBN 978-7-105-16982-5

Ⅰ.①立… Ⅱ.①王… ②程… ③张… Ⅲ.①应用心理学—教学研究—高等学校—文集 Ⅳ.①B849-53

中国版本图书馆 CIP 数据核字 (2023) 第 105732 号

立德树人　服务社会：
西南民族大学应用心理学专业教研论文集

策划编辑：贾俊杰
责任编辑：贾俊杰
封面设计：刘福勤
出版发行：民族出版社
地　　址：北京市东城区和平里北街 14 号
邮　　编：100013
电　　话：010-64271909（汉文编辑一室）
　　　　　010-64224782（发行部）
网　　址：http://www.mzpub.com
印　　刷：北京中石油彩色印刷有限责任公司
经　　销：各地新华书店
版　　次：2023 年 6 月第 1 版　2023 年 6 月北京第 1 次印刷
开　　本：880 毫米 ×1230 毫米　1/32
字　　数：140 千字
印　　张：5
定　　价：25.00 元
书　　号：ISBN 978-7-105-16982-5/B·889（汉 304）

前言

西南民族大学应用心理学专业本科始建于2006年，一直面向服务国家与民族地区社会亟需，践行民族高校办学宗旨与使命，将学科特色发展与应用型人才培育，汇入学校学科发展和心理育人的新时代篇章。回顾十余年的建设与发展，西南民族大学的应用心理学专业经历了三个发展阶段：一是专业建设探索阶段（2006–2010）：经过起步期的专业建设摸索，特别是受5.12汶川地震心理援助经验启发，西南民族大学心理学的学科建设确定以民族心理和心理健康为特色，人才培养定位也明确聚焦于心理健康应用型人才培养。二是专业发展积累阶段（2011–2018）：专业师资团队不断完善应用型人才的育人平台，建设校外基地20余个，校内实验中心800平方米，屡获省部级教学竞赛和育人成果嘉奖，并荣获“全国三八红旗集体”称号。三是专业提升跨越阶段（2019至今）：应用心理学专业在总结中不断突破，获批两个心理学省部级科研平台和应用心理专硕点建设，应用心理学本科获国家级一流本科专业建设点，应用心理专硕培养获教指委全国首批试点。

应用心理学全体师生长期坚持开展教育教学改革，先后主持或参与多项国家级、省部级教改项目。例如，2009年四川省高等教育人才培养质量和教学改革项目“以民族和跨文化心理研究为特色的研究型本科心理学教学模式”，2011 年国家民委教改项目“民族院校应用心理学本科教学培养模式研究”，2017 年国家民委教改重点项目“民族院校应用心理学专业教改的创新与实践探索”，2021 年四川省高等教育人才培养质量和教学改革项目“心理健康类专业教师职业胜任力研究与实践”等。这些教改项目从不同层次和视角探讨了特色定位、课程建设和师资队伍等事关民族院校应用心理学专业人才培养质量的重要问题。

“纸上得到终觉浅，绝知此事要躬行。”实践教学是应用型专业人才培养至关重要的环节。西南民族大学应用心理学专业在培养方案、课程教学大纲和专业实习实践等人才培养环节的实践教学活动进行了系统设计与安排，搭建了宏观、中观到微观的实践教学体系，形成了三大专业实践育人特色。第一，构建了“全方位、全过程和全员参与”的专业实践育人格局。从大一到大四，从课程教学到创新创业活动，从专业课程到实践课程，从辅导员到专业教师，构建了专业层面的三全育人体系，为省级三全育人试点院（系）创建提供了重要支撑。第二，形成了实训实践和社会服务有机结合的实践育人特色。应用心理学专业师生以服务国家、区域重大需求为导向，将实训实践与社会心理服务实战相结合，在地震灾害、新冠疫情等重大突发事件的心理援助中发挥了重要作用。第三，走出了专业实践服务民族地区和服务民族事业的专业特色道路。专业师生深入民族地区开展实践和服务，大力培育师生的责任感、使命感和价值感；以对口援建和骨干培训弥补当前民族地区心理健康人才的缺口，勇担民族院校的责任与使命。

为更好地总结经验，发现问题，找准方向。通过广泛征集和专家评选，本书选录了西南民族大学应用心理学专业实践育人的 15

篇教研论文，主要包括了心理健康实务与实践教学创新和专业课程教育教学创新两大主题。前者主要反映了西南民族大学应用心理学专业心理健康实践育人的探索与经验，既有支持学校层面心理育人的专业实践活动总结，也有专业实践活动的体系构建，还有结合社会心理服务的实践教学创新探索。后者主要包括了专业课程教学过程中积累的实践育人项目及成果，既有“普通心理学”“教育学心理学”“心理测量”等专业核心课程的教育教学或学生创新创业成果，也有“家庭治疗”“爱情心理学”“危机干预”等心理健康服务实践课程的教学改革成果。

本书编撰得到了民族出版社编辑老师的大力支持，对书稿的修改完善提出了宝贵的意见和建议。由于水平有限，论文集所汇集的成果仍有许多不足之处，与一流专业和一流课程建设要求还有较大差距。在此，我们敬请大家批评指正，以助我们继续努力，不断提升人才培养质量。

目录

心理健康实务与实践教学创新专题

专业课程教育教学创新专题

心理健康实务与实践教学创新专题

应用心理学专业“三实三助”心理健康服务实践育人的创新与实践①

王晓刚　陈秋燕　程科　袁晓娇　张晨光

一、引言

党的二十大报告提出“实施科教兴国战略，强化现代化建设人才支撑”，并将教育和人才培养视作全面建设社会主义现代化国家的基础性、战略性支撑。新时代中国特色社会心理服务建设是以人为中心开展社会治理的重大战略，但高素质社会心理服务专业人才的缺乏已成为国家战略实施的瓶颈。近年的研究与实践表明，新时代中国特色社会心理服务体系需要综合运用多学科方法方能取得预期成效，但因与心理学学科属性的天然契合，心理学也具有了自身独特的优势。因此，应用心理学专业人才理应在这一过程中扮演更重要的角色，做出更大的贡献。

笔者通过前期对培养单位、用人单位和行业专家的调研发现，目前应用心理学专业人才培养主要存在以下问题：第一，实践教学目标与社会心理服务工作的人才需求不匹配，教学内容的学科壁

① 依托项目：西南民族大学“心理健康服务实践”课程思政建设项目和一流本科课程建设项目。

垒明显，师生的学科知识窄化，缺乏跨学科的知识学习和思维训练；第二，实践教学设计与社会心理服务的体系建设不兼容，专业实习、实践和实训的层次不明晰，缺少科学性、系统性和可操作性的顶层设计；第三，实践教学内容与社会心理服务的任务要求不一致，学生的专业能力训练不充分，在实践过程中专业技能“水土不服”，使命感不强，畏难情绪明显，解决社会心理服务建设的能力不足。这些问题不仅制约了应用心理学专业学生的应用能力培养，也不利于有效解决社会心理服务专业人才匮乏的现实困境。

面对人才培养的现实困境，结合灾后心理援助和涉民族地区社会治理实践经验，依托“民族高校‘双符双适型’人才培养模式改革试点”、国家民委教改项目“民族院校应用心理学专业教改的创新与实践探索”、四川省高校思想政治工作精品项目“三实三助”心理健康服务实践育人模式探索、四川省高等教育人才培养质量和教学改革项目“心理健康类专业教师职业胜任力研究与实践”等6个国家级、省部级教改项目，西南民族大学应用心理学专业教学团队遵循新文科建设思路，逐步形成了应用心理学专业“三实三助”心理健康服务实践育人模式。所谓“三实”是指应用心理学专业人才培养中“专业课程实训、专业社会实践、心理援助实战”的递进式实务能力培养与提升路径；“三助”是指应用心理学专业学生应具备助人工作者的“自助能力、互助能力和助人能力”三大专业胜任力。

二、“三实三助”心理健康服务实践育人的理论基础

实践育人是高校人才培养的重要环节，是课堂教育的延伸和升华，也是加强和改进大学生思想政治教育的重要途径。高校的专业实践育人应有科学的理论作为支撑，确保育人内容的科学性、育人

体系的系统性和育人机制的有效性。在探索应用心理学专业实践育人模式中，本团队主要参照了马克思主义认识论与实践观、中国传统文化中的知行合一观和情境学习理论。

（一）马克思主义认识论与实践观

马克思主义认识论认为实践是认识的源泉和基础，实践的发展又为认识的发展提供动力。个体的知识来源有直接经验和间接经验，虽然多数知识来源于间接经验，但要将间接经验内化为个人认知则又需要通过实践的体验。因此，人的认识的发生发展以及检验和归宿都必须在实践的基础上完成。中国共产党的教育方针一直以来十分重视人才培养与社会实践相结合。例如，教育部等七部委联合颁发了《教育部等部门关于进一步加强高校实践育人工作的若干意见》明确指出“进一步加强高校实践育人工作，是全面落实党的教育方针，把社会主义核心价值体系贯穿于国民教育全过程，深入实施素质教育，大力提高高等教育质量的必然要求”。

（二）中国传统文化的知行合一观

中国传统文化常用“知”与“行”来表述认识与实践的关系，并坚持“知行合一”的思想观念。《论语》开篇提到“学而时习之”，《礼记·中庸》十九章提及“博学之，审问之，慎思之，明辨之，笃行之”。这些论述是中国古代传统文化中知行观的精髓，包含了“知”与“行”的辩证关系，也肯定和强调了实践的重要性，不约而同地要求为学者、为人者应学以致用，知行合一。进入新时代，习近平总书记也要求青年学生“道不可坐论，德不能空谈，于实处用力，从知行合一上下工夫，社会主义核心价值观才能内化为人们的精神追求，外化为人们的自觉行动”。

（三）情境学习理论

情境学习理论（Situated Learning Theory）由美国学者让·莱夫（Jean Lave）和丁纳·温格（Etienne Wenger）提出，认为学习是个体的知识与意义建构的心理过程，更是一个社会性的、实践性的、以差异资源为中介的参与过程，强调个体应在知识、技能的应用情境中进行学习。换言之，学生学习的知识和技能将实际应用在什么情境，那么就应该在什么样的情境中学习这些东西，即“在哪里用，就在哪里学”。在高等教学实践中，情境学习的应用包括认知学徒制、抛锚式教学和学习共同体，进而形成了较为常见的认知实习、课程实习和顶岗实习等多种专业实习实践教学课程。

三、“三实三助”心理健康服务实践育人的设计思路

（一）以人才培养为中心，开展实践育人工作

西南民族大学应用心理学专业本硕学位建设都将专业特色定位于心理健康，这就要求人才培养必须重视学生的心理健康服务实务能力培养，强化相关的实习实践实训等环节，树立人才培养的目标。这使得西南民族大学应用心理学专业人才培养在夯实学生专业教育的基础上，明确了以实训、实践和实战为抓手，以自助、互助和助人为目标的实践育人顶层设计。

（二）以专业成果为导向，深化实践育人工作

西南民族大学应用心理学专业多渠道抓实心理健康服务实践，通过科研立项、成果发表、社会评价、优秀表彰、学科竞赛、课程建设、设备设施预算与采购等形式开展实践育人成果转化，确保参

与实践育人的部门、教师和同学都有施展自身才华的机会与平台，形成系统化的实践育人激励机制。

（三）以使命担当为责任，深化实践育人工作

西南民族大学心理健康服务实践育人工作历来不局限于服务于校内师生，一直以来都十分重视高校社会服务的责任与担当。专业团队始终鼓励和支持心理育人师生发挥专业优势，面向重大突发事件，深入民族地区基层，为各族群众开展力所能及的心理健康公益服务。

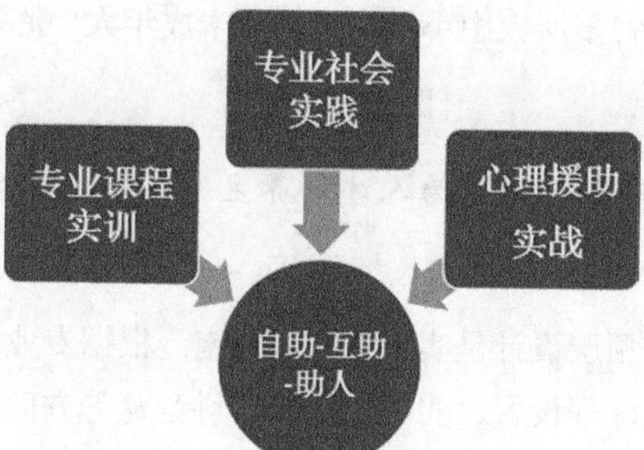

图 1 “三实三助”心理健康服务实践育人框架图

四、“三实三助”心理健康服务实践育人的核心举措

（一）以实务能力提升优化师资队伍，夯实学生“三助”能力培养

教师心理健康服务实务能力是实践育人的起点和关键。为解决教师专业实务能力偏低、实务学习资源缺乏和实务教学胜任力不足

等问题，西南民族大学从以下三个方面促进心理学教师的专业实务能力提升:（1）以教学制度建设为推力，打造高标准师资队伍。例如，要求实务课程教学的教师需获得行业资格认证并具备实务经验。目前，教学团队实现70%专业教师获注册心理师、临床医师、人力资源管理师等资质认证。（2）以继续教育培训为主体，提升教师实务技能。“请进来、走出去”双管齐下，举办全国性会议10次、实务培训30多场，建成四川省教育厅高校心理健康培训基地，教师参与系统性实务培训40余人次。（3）以服务社会为宗旨，在服务中实现能力成长。专业教师担任全国性专委会委员16人次，2人参与四川省专家进基层服务，7人长期从事心理咨询与危机干预服务，为四川省多所大中小学、成都市未成年人中心等开展了过万人次的服务。

（二）以实务训练作为人才培养主线，强化学生“三助”能力培养

人才培养顶层设计是实践育人的指南。根据专业培养方案，专业教师团队从课程设置、实习实践和学科竞赛等方面构建了多元化的实务训练体系:（1）修订培养方案，打造实务课程群，实践学分占总学分的29.7%。（2）建立实习指导准入准出制度，发展递进式实训模式，建立20余个高质量、多元化的校内外实习基地。（3）以学科竞赛为激励，打造心理授课技能大赛、心理情景剧比赛等竞赛项目。近3年，2位学生在全国首届大学生心理辅导课教学竞赛中荣获一等奖、二等奖，10余位学生获全国心理情景剧大赛二等奖、一等奖，并受邀参加央视《心理访谈》栏目；2021年，西南民族大学“火苗团队”荣获第十二届“加油！乡村夏令营”全国总冠军。众多毕业生在本地区或单位技能竞赛中获奖，为用人单位培养出大批“来之即用”的优秀人才。

（三）以重大突发事件实战为实践育人特色，检验学生“三助”能力培养

社会服务是高等院校的主要功能之一。西南地区是地震、火灾、泥石流等重大突发事件的高发区域，西南民族大学应用心理学专业师生立足区域现实需求，多次参与重大突发事件的心理援助工作，将实践育人与社会服务有机整合。（1）形成重大突发事件服务机制。完善制度、队伍、过程管理建设，在新冠肺炎疫情、木里火灾、宜宾地震等突发事件后，为心理重建和社会稳定做出了突出贡献，被《人民日报》等媒体报道，受到中国心理学会、中国灾害防御协会、四川省教育厅、四川省森林消防总队等的高度肯定。（2）在重大突发事件中提升专业服务能力。以新冠疫情为例，应用心理学专业团队创新提出一次单元心理援助技术，被全国心理志愿者学习超 100 万人次；5 人服务于国家级、省级、市级和校级的心理援助平台，在《教育家》等媒体发表科普推文多篇，2 人被评为四川省心理抗疫先进个人；组织学生 1000 多人次参与心理援助平台、网络团体辅导、心理科普宣传等新冠疫情心理服务中。

五、“三实三助”心理健康服务实践育人的主要平台

（一）心理健康服务的实训课程平台

西南民族大学拥有应用心理学本科和应用心理学专硕，逐步形成了从本科到硕士的心理健康服务实践课程实训平台。在培养体系中，西南民族大学应用心理学专业开设了“助人伦理”“咨询心理学”“健康心理学”“团体心理咨询”“危机干预”“心理健康课程训练”“朋辈团体辅导”“艺术治疗”“会谈技术”“家庭治疗”等心

理健康服务实务专业课程，形成了体系化的实训育人课程矩阵。其中，“大学生心理健康教育”被评为四川省精品课程、精品资源共享课程、四川省“十三五”精品在线开放课程，“爱情心理学”与“健康心理学”是校级在线开放课程，“社会学概论”“咨询心理学”和“民族心理学”是校级精品课程。2020年，“团体心理咨询”也入围西南民族大学思政建设课程，“朋辈辅导”“心理测量”“心理健康课程训练”“健康心理学”“心理健康服务实践”等成为校级一流本科建设课程思政示范课程。

（二）心理健康服务的校内实验平台

西南民族大学的心理学综合实验室始建于2007年，现有实验室面积1020余平方米，实验仪器设备总值1100余万元。目前，实验室设有各类功能实验室18间，可开设30余门专业课程实验，包括脑电实验室、眼动实验室、生物反馈实验室、团体咨询实验室、个体咨询实验室、认知心理实验室、基础心理学实验室、心理测评实验室、学前儿童行为观察实验室、奥尔夫音乐活动室、微格教学实验室等。实验室内设有近红外脑成像记录仪、ERP事件相关电位分析系统、便携式脑电分析仪、生物反馈系统、眼动追踪系统、音乐放松治疗系统、心理沙盘、EPT心理实验平台等心理学实验设备，并配备PsyKey心理教学系统、心理学实验设计教学系统、Psykey心理测量平台、E–Prime心理实验设计平台、行为观察系统等实验教学与数据分析软件，充分满足了学院师生教学和科研的需要。这些都为西南民族大学应用心理学专业开展心理健康服务专业实训提供了有力的条件保障。

（三）心理健康服务实践的咨询实训平台

“西南民族大学心理健康教育中心”（下简称“中心”）是西南民族大学应用心理专业的校内教学实践基地，也是应用心理学专业开展心理健康服务实践的重要平台。目前，中心拥有个别咨询室、团体咨询室、心理测量室和办公室等，专兼职心理咨询师 20 余人，博士以上学历者占总人数 75% 以上。自成立以来，中心先后被授予全国“大学生心理健康教育工作先进集体”“大学生心理健康教育工作先进单位”“2008 年抗震救灾心理援助先进集体”“四川省高校心理健康教育先进集体”“四川省十佳心理育人学校”等荣誉称号。西南民族大学师生长期坚持在学校心理健康中心进行咨询预约、个别咨询、团体咨询和心理教育大型活动。2022 年，西南民族大学还成立了学生心理健康“阳光同行工作室”，为学生开展朋辈心理健康服务实践又拓展了新的咨询实训平台。

（四）心理健康服务实践的社会实践平台

目前，西南民族大学应用心理学专业与四川省部分中小学和社会机构建立了实习合作关系。总体来看，西南民族大学应用心理学专业建立了从幼儿园、小学、中学到大学，从学校、科研机构、医院、公益组织到企业，门类多元的实习实践单位，为师生的心理健康服务提供了丰富的社会实践平台。

（五）心理健康服务实践的科研实践平台

通过十余年的发展，西南民族大学的应用心理学学科建有四川高校哲学社会科学重点研究基地——四川民族教育发展研究中心、四川高校心理健康教育培训基地、国家民委人文社科重点基地——西南民族社会心理服务研究基地，拥有四川省社会科学高水平研究团队（四川民族教育研究团队）。这些科研平台为西南民族大学应用心理学专业学生开展心理健康服务的科研实践提供了良好平台，有力支撑了应用心理学专业学生将专业实践与科学研究进行结合、转化。

（六）心理健康服务实践的社团实践平台

在学校大力支持和专业教师指导下，西南民族大学拥有以“助人自助”为宗旨的校级学生社团“心理协会”（连续四年被评为学校十佳学生社团），《心灵家园》四次被评为十佳刊物。同时，西南民族大学的心理育人社团还举办了“心理大讲坛”品牌活动，在学校共举办100余场专题心理讲座，发放3万余册宣传资料。每年九月到十月对全体新生举办“适应大学生活”讲座、发放心理书签、心理卡片、培训新生班主任和新生寝室长、新生心理测试、新生心理回访、新生适应团体辅导等工作。从2020年开始，西南民族大学“心理协会”又新推出了“大学生心理健康知识竞赛”，一方面拓展了学校心理健康教育科普活动，另一方面又搭建了心理学专业学生进行心理健康教育科普的实践新平台。

（七）心理健康服务实践的学科竞赛实战平台

为进一步锻炼学生的心理健康实务能力，实现以赛促练的目的，西南民族大学心理学专业申报立项了大学生心理辅导课比赛、心理辅导技能比赛、心理情景剧微电影等学科竞赛。以心理情景剧及微电影比赛为例，西南民族大学已经连续举办该赛事8届，现已积累近60个学生优秀剧本，该项赛事的育人成果荣获学校第九届教育教学成果一等奖。2020年，西南民族大学选送的心理情景剧《一盘伞沙》《她从火光中走来》分别获得第三届全国高校心理情景剧大赛中获二等奖、三等奖，《一盘伞沙》受邀在央视《心理访谈》

栏目进行展播。

（八）心理健康服务实践的公益实战平台

在“5.12 汶川地震”“4.14 玉树地震”“4.20 芦山地震”“6.18 宜宾地震”“3.30 木里县森林火灾”“新冠肺炎疫情”等心理援助工作中，西南民族大学心理育人团队多次深入灾区为受灾群众、救援官兵、基层干部等各类群体开展心理疏导。

六、“三实三助”心理健康服务实践育人的建设成效

（一）心理健服务实践育人的专业建设成效

通过多年的努力与积累，西南民族大学应用心理学专业在 2022 年获批国家级一流本科专业建设点，教师队伍、课程建设和教学成果等都取得了较大进步。在教师队伍方面，团队成员获全国优秀教师、四川省有突出贡献优秀专家、四川省教书育人名师和国家民委教学名师等荣誉称号。在课程方面，以“大学生心理健康教育”为代表的心理育人课程，得到了校内外师生的广泛认可，并被 67 所高校选用，累计选课人数 11 万。此外，“爱情心理学”“犯罪心理学”等课程的学生评教一直处于全校领先水平。在教学成果方面，团队荣获省部级教学成果奖 4 次，包括国家民委教学成果一等奖，四川省高等教育教学成果奖一等奖、二等奖等。

（二）心理健服务实践育人的学生培养成效

总体来看，西南民族大学应用心理学专业的学生专业能力出众、责任意识强、综合素质高。具体而言，80% 以上学生有民族地区调研、服务经验；获全国专业技能竞赛奖 9 项，心理情景剧作品

受邀央视相关栏目展演；在抗震救援、国家通用语言推广、禁毒防艾等活动中担当重任，获四川青年五四奖章、全国“三下乡”优秀团队等荣誉。从毕业生就业来看，培养了一批扎根民族地区心理健康工作的优秀人才，得到了用人单位的广泛好评。毕业生遍布民族地区教育、卫生、司法等系统，涌现出诸多投身基层治理的典型代表，培养了多个民族地区县市的“第一位心理健康教师”。

（三）心理健服务实践育人的社会服务成效

师生千余人次参与汶川、玉树地震灾害，木里火灾，新冠疫情等重大事件的心理援助，并培训当地心理骨干1000余名。以新冠疫情心理援助为例，团队提出的“一次单元心理援助技术”被中国心理学会等权威推荐，学习人次达106万；6人获教育部华中师范大学心理援助热线平台嘉奖，2人获评四川省抗击新冠肺炎疫情心理服务工作先进个人。在社会评价方面，实践育人团队在重大突发事件中的心理援助工作被《人民日报》等媒体报道，获得四川省教育厅、四川省森林消防总队、中国心理学会、中国灾害防御协会等单位的肯定与致谢，为四川省、民族地区乃至全国的灾后心理重建和社会稳定做出了重要贡献。

七、小结

随着我国高等教育“四新”建设的全面推进，西南民族大学心理健康服务实践育人团队将继续原来的工作步伐，着力培养更多的育人名师、精品课程和品牌特色活动，具体工作规划包括：第一，西南民族大学将在青年教师队伍中培养新一代的育人名师，主要举措包括在职培训、职业认证、评优推荐和项目支持等。第二，西南民族大学将进一步加大心理健康服务实践育人专业课程的建设力度，打造具有全国和区域影响力的优质课程，提升实训课程育人的专业影响力。第三，西南民族大学将着力打造社会心理援助和心理情景剧的育人品牌，并探索具有区域认可度的心理援助原创性举措。第四，西南民族大学将继续发挥民族院校的优势，通过对口援助、社会实践和项目推动等形式，积极参与民族地区的社会心理服务建设与社会治理创新。此外，西南民族大学也将积极参加行业协会、省市部门组织的专业活动，积极交流、借鉴和完善西南民族大学心理健康服务实践育人的工作模式。

参考文献

[1] 习近平 . 为全面建设社会主义现代化国家而团结奋斗——在中国共产党第二十次全国代表大会上的报告 . http://www.gov.cn/xinwen/2022-10/25/content_5721685.htm，2022-10-16.

[2] 王晓刚，陈秋燕，王梦龙 . 新时代民族地区社会心理服务体系的理论思考与构建 . 民族学刊，2021（5）：50-59.

[3] 辛志勇 . 加强社会心理服务重在专业人才建设 . 心理技术与应用，2018，6（10）：591-592.

[4] 池丽萍，辛自强 . 社会心理服务体系建设的应然与实然：基于全国 12 个试点地区的评估 . 心理科学，2019，42（4）：978-987.

[5]

黄蓉生，孙楚杭 . 构建高校实践育人长效机制的思考 . 中国高等教育，2012（3）：36-37.

[6] 马克思，恩格斯 . 马克思恩格斯选集 . 北京：人民出版社，1972.

[7] 陈步云 . 高校实践育人机制研究，东北师范大学，2017.

[8] 习近平 . 青年要自觉践行社会主义核心价值观——北京大学师生座谈会 . http://news.xinhuanet.com/politics/2014-05/05/c_1110

528066_3.htm，2014-5-5.

［9］Lave, J., & Wenger, E. (2002). Situated Learning: Legitmate Peripheral Participation. Cambridge University Press.

［10］张振新，吴庆麟.情境学习理论研究综述.心理科学，2005，28（1）：125-127.

［11］西南民族大学教务处.西南民族大学本科人才培养方案（2020版）. https://jwc.swun.edu.cn/info/1134/3763.htm.

应用心理学专业四纵四横精准化实践教学体系的创新与实践①

王亮生

一、引言

在教育部“高等学校本科教学质量与教学改革工程”的指引下，各高校都在加强实践教学环节的改革，促进学生实践能力的提高，以适应社会发展的要求。西南民族大学应用心理学专业2011年以来的历次教学改革一直都在不断地调整人才培养方案，从各种角度和维度增加实践类课程、实践学分和学时以及各类专业课程的实践教学环节，但相对于理论教学而言，实践教学仍然是教学过程中薄弱的环节，仍较普遍存在对实践教学的重要性认识不够深刻的现象，进而导致整个实践教学体系运转不够有效，甚至部分优质实习基地流失掉了，从而也进一步造成仍有不少实践性较强的课程从未走出教室去外面真正地实践。这其中有实践基地本身建设仍然较薄弱的原因，也有教学内容、手段和形式不合理的因素，当然也存

① 依托项目：西南民族大学2019年教改项目：“构建心理学专业高效率实践教学体系”。

在实践教学的组织管理不规范等方面的原因，使得实践教学的质量难以保证，无法真正有效地完成人才培养的目标。2020年执行新培养方案以来，应用心理学本科专业在以前认知实习、课程实习和毕业实习的基础之上，增加了第二课堂及创新创业实践等实践环节，实践教学的重要性得到进一步提升。加上目前应用心理专硕的建立与大力发展，完善目前的实践教学方案，建立完善的实习实践制度，建设更全面更多优质的实习基地，全方位构建心理学专业精准化的实践教学体系是必要的、意义重大的、不可缺少的一项工程。

从目前心理学专业排名靠前的国内外著名高校来看，本科课程设置重视基础知识和研究能力训练，通过开设通识类课程、导论性课程、方法类课程等加强学生的基础知识与基本技能的训练（于月等，2017），同时为学生提供了大量的拓展性课程和应用性课程。在实践教学方面，以学生为本，提供多种服务和选择，各个学校都开设了比较符合学生学习的规律、可供选择的课程，针对学生的不同学习阶段，提供不同类型、水平的学习课程和科研训练，使学生的研究能力得到充分的锻炼与培养（黄素蓉，2014）。

查阅国内学术期刊网相关文献，发现有关心理学本科专业实践教学体系的研究论文并不多。其中大多是基于某门课程的实践教学研究，剩余的以理论研究居多（李永占，2017）。这些研究基本都未真正解决实际问题，落到实处。故而在前人研究的基础上进一步丰富理论研究，加强实证研究，分析目前西南民族大学应用心理学专业实践教学存在的问题并提出解决的方案，使现有的实践教学问题得到解决，真正落实2020年人才培养方案的目标要求，并着眼于未来，建立精准化的本科生教育阶段和研究生教育阶段融合的实践教学体系是必要的。同时参照国外的教学理念，一切以学生为本，为学生提供菜单式服务，提高他们的实践及相关能力。故此，在“三全育人”格局的指导下，立足于实践育人工作的长效机制，按照应用心理学专业2020版培养方案的指导思想及实践教学的具体要求，构建一套独立完整的可以高效率运转的精准化实践教学体系，使得实践教学有科学合理的目标要求、实施途径、具体措施和考核标准等是心理学专业教育工作者们的重要工作。实践教学环节完善了，才能真正做到从专业素养、专业技能、实验开展、实习实训、毕业论文、职业化教育、科研创新等方面全方位提高本科生的培养质量。

二、实践教学体系的具体内容

基于国内外相关专业实践教学的优良经验以及心理专业目前实践教学环节存在的不足，从四个层面构建精准化的实践系教学体系（称之为“四纵”）。

（一）实践教学目标体系的构建

即对确定实践教学活动所要达到的预期结果的规划。比如毕业实习教学目标应当是围绕实际岗位职业技能而制定具体要求，以市场需求为导向，以学生就业为目的。在总目标的基础上分别建立不同类型实践教学的目标，建立完整可行可操作化的实践教学目标体系，在此基础上，构建不同的实践教学内容体系和实践教学管理、评价体系，并依此完善不同类型实践基地的建设（邢乃愈等，2012）。

1. 认知实习目标

“认知实习”设置的目的在于使学生通过参访各种学校、医院、企业、社区等组织或机构，从而对学校心理问题、临床心理问题、社区心理问题、企业心理服务等有更深入的认识，并由此启发学生的思考，培养学生对心理专业的兴趣。通过认知实习获得间接实践经验，使学生了解自己专业方面的知识以及专业以外的知识，为专业课学习打下基础。作为大学四年的第一次实习，认知实习也是为学生后期开展课程实习、毕业实习做准备。认知实习目标详细体现在已制定好认知实习大纲和认知实习方案当中。

2. 课程实习目标

课程实习是对学生进行专业教育与专业训练的实践必修教学环节。应用心理学专业课程实习的目标在于使学生通过在幼儿园、学校、医院、企业、社区等组织或机构实习，对学校心理问题、临床心理问题、社区心理问题、企业心理服务等有更深入的认识，并由此启发学生的思考。通过实习获得实践经验，使学生了解自己专业方面的知识以及专业以外的知识。通过实习，可以使学生把综合知识运用于心理学实践之中，培养学生从事心理学工作的能力，加深和巩固学生热爱心理学事业，从事心理学工作的思想。课程实习目标详细体现在已制定好的课程实习大纲和课程实习方案当中。

3. 毕业实习目标

毕业实习的目标，主要由毕业论文选题、研究取向、就业目标、专业兴趣等来综合确定。如培养开发心理服务项目、实施心理服务、运营心理服务机构的基本能力，了解一线心理工作运行方式和业务流程，提升就业能力。对学校心理问题、临床心理问题、社区心理问题、企事业单位心理服务等有一定的认识，通过实习期间的调查研究，开展相关研究。毕业实习目标详细体现在已制定好的毕业实习大纲和毕业实习方案当中。

（二）实践教学内容体系的构建

心理学专业实践教学内容包含课堂实践、实验室实验、认知实习、专业课程实习、毕业实习、第二课堂、创新创业实践等。在具体操作上以具体某门课程的内容为载体，对不同课程的相关内容进行整合，对其实践环节进行操作化，按照课程内容顺序合理设定相关实践环节顺序，在此基础上建立整个专业的整合型的实践教学内容体系。依照不同内容的特点与需求以及实践基地的要求，建立科学的实践教学管理和评价体系，并逐渐建设配套的教学实践基地。实践教学的相关内容详细体现在认知实习、课程实习、毕业实习等各类实习的教学大纲和实习方案中。

（三）实践教学管理和评价体系的构建

实践教学的组织与实施，需要完善的实践教学管理文件作为依据，从各类实践教学大纲、实践教学计划、实践教学指导手册等方面构建实践教学管理和评价体系。具体操作依托学校相关教学管理文件和兄弟院校应用心理学专业成熟的管理和评价体系、实习基地的管理与评价体系，建立符合自身需求、具备自身特色的实践教学管理制度和评价标准。实践教学的管理与评价依赖于学院和实习基地的协同合作，在双方单位相关教学文件的要求下，结合自身具体情况和特色，制定相应的实习基地实践教学管理和评价体系，真正做到可操作性强，能落到实处。实践教学管理和评价的具体标准和要求详细体现在《应用心理专业实习实训质量标准》和《应用心理专业教学实践基地评估指标体系》文本中。

（四）实践教学场地与设备的构建

针对不同实习内容与不同实习目标全方位建设有使用价值的教学实践基地。目前应用心理学专业实习基地类别较少，总体上还存在不足。按照上述设定的实践教学目标和实践教学内容体系，利用学校、学院、教师、校友、学生的各方资源，结合心理专业学生就业去向，建立更多符合专业培养方案要求的优质实习基地，真正做到以学生为本，为学生提供实践选择菜单式的服务，提高他们的实践及就业等相关能力。各实习单位每学期至少可接受5名应用心理学本科专业学生实习，配合学院完成学生的认知实习、课程实习、毕业实习工作。要求实习单位安排实习指导老师，对实习学生进行一对一的指导，并积极和校内指导老师进行交流，全程监督学生的实习过程，做到保质保量。实践教学场地与设备构建的具体要求体现在《应用心理专业教学实践基地评估指标体系》文本中。

三、构建四个视角都满意的实践教学体系

在“三全育人”格局的指导下，立足于实践育人工作的长效机制，从四条线路出发，分别为学生专业发展的需求、就业取向的需求、专业教师的要求、实习基地的要求四个角度设计实践教学的目标体系、内容体系、管理体系和实践教学场地的建设等具体的实施策略，实现四个视角基本都满意的精准化实践教学体系（称之为“四横”）。

（一）学生专业发展的需求

2019年以前，通过访谈了解到学生对当时实践教学体系的满意度（包含实习管理、实习基地、实习内容、实习目标等）不高，教务系统实习课程的评分也参差不齐。经过2019—2021年3年的实践教学模块的建设，完善了实践教学的管理规章制度，建设了新的一批实践教学基地并培育出了几个优质实习基地，将学生的专业发展切切实实融入到实习基地的各项实习工作安排当中，并给学生提供部分实习单位可选择的菜单式的服务，学生对实习环节教学的满意度明显提升，教务系统的数据显示这几年所有实际课程的学生评价均为优秀。比较不同实习基地、管理方式、实习要求下的满意

度水平及学生提出的问题及意见，建立和学生更匹配的、有利于学生专业素养发展的实践教学体系是非常必要的。

（二）就业取向的需求

按照2020版人才培养方案中设定的专业培养目标，开发相应的实习内容、实习基地、实习管理模式，进行分类化的专业实习教育，让学生精准化成才，真正意义上实现专业的人才培养目标。

找到合适的就业岗位是实现专业人才培养目标的主要路径之一，建立完善的实践教学体系无法脱离实现就业的总体目标。开展市场调查和校友访谈、实践基地访谈，明确心理学本科专业可选择的就业方向，在实践教学的过程中精准培养学生的就业能力。在实践教学体系中建立与就业相匹配的实习内容、管理方式、实践基地、实习目标与要求，做到实践环节中精准化就业能力与工作能力的培养，提高学生的就业竞争力（张斌等，2015）。

（三）专业教师的要求

专业教师是学生成才路上的经验与学识造诣丰富的引领者，每名教师都来自于具有不同培养特色与实践教学特色的高等学府，了解专业教师对实习实践的具体理解、要求，并把它融入整个实践教学体系当中去，对于精准化的实现培养目标、提升培养质量是必不可少的。通过调查与访谈西南民族大学教师、同行教师及其他学科的部分教师，了解他们对专业实践的具体要求、借鉴其他专业的优秀实践教学经验，编制了适合西南民族大学应用心理专业和学生的实践教学大纲、实施方案、质量评估标准等规章制度文本，建立多个不同类别的可供学生菜单时选择的实践基地，精准化提升了应用心理专业实践教学体系的运行质量，提高了学生实习实践过程中的获得感和满意度。

（四）实习基地的要求

实习基地是实践环节的最终落脚处。通过充分调研、分析实习基地对实习目标与内容、实习管理、实习安排的具体要求，了解他们对已有实习活动相关元素的满意度，充分和他们交换意见，对实习基地进行有效的分类管理和评价，精准化地提升了实习基地的利用率，也促进了专业培养质量和就业满意度、学生满意度、教师认可度的提升。

四、小结

通过 3 年的建设，应用心理专业实践基地的规范化运行、实习实训质量的监督与保障、实习基地管理效率和服务质量都得了大幅度提高，从中涌现出了一大批优秀实习生、优秀实习基地指导老师、优秀实习基地。

新的实践教学体系将建设更多专业对口的实习基地，真正做到以学生为本，为学生提供菜单式服务的实习选择，提高他们的实践和研究能力，保障学生的知识、能力、素质协调发展的基本条件，并且能够最大程度契合培养方案中心理研究素养、心理健康教育、心理咨询与辅导三个不同方向学生的需求。

随着新一轮人才培养模式的改革，新建立的实践教学体系必然出现不完全匹配新培养模式的情况。在不断深入学习《习近平总书记教育重要论述讲义》等著述的基础上，在三全育人格局的指导下，必须立足于实践育人工作的长效机制，不断创新发展，构建更加精准化科学化的应用心理学专业实践教学体系。

参考文献

[1] 黄素蓉 . 我国高校学校心理学实践教学改革探析 . 绵阳师范学院学报，2014，33（9），134–136，141.

[2] 李永占 . 应用心理学专业实践教学的现状与提升策略 . 平顶山学院学报，2017，32（1），115–118.

[3] 邢乃愈，刘立娜，张雨海 . 应用心理学专业实践教学体系改革与实践 . 学理论，2012（18），259–260.

[4] 于月，杨玉川，王卓，董成文 . 高校心理学专业的实践教学体系架构 . 社会心理科学，2016，31（8），11–13.

[5] 张斌，邱致燕，王叶飞，罗银屏 . 应用心理学专业学生实践能力培养及实践教学体系构建 . 教育教学论坛，2015，31（8），178–180.

以铸牢中华民族共同体意识为主线、“三全育人”为目标的高校心理健康教育工作的研究[①]

聂盼盼　李孜晗

一、引言

习近平总书记在党的二十大报告中指出我们要坚持教育优先发展，教育是国之大计、党之大计。培养什么人、怎样培养人、为谁培养人是教育的根本问题，育人的根本在于立德。全面贯彻党的教育方针，落实立德树人根本任务，培养德智体美劳全面发展的社会主义建设者和接班人。中共中央、国务院在《关于加强和改进新形势下高校思政工作的意见》中提出要坚持全员全过程全方位育人（“三全育人”）的重要战略要求（中共中央国务院印发《关于加强和改进新形势下高校思想政治工作的意见》，2017），不仅体现了习近平新时代中国特色社会主义思想和习近平总书记关于教育的重要论述，还科学地回答了“培养什么人、怎

① 依托项目：四川省“三全育人”综合改革试点院（系）建设项目：以铸牢中华民族共同体意识为主线构建教育类“心理－文化－课程”深度融合的“三全育人”新模式（项目号：川教工委函〔2020〕73号）。

样培养人、为谁培养人”这一根本问题。

“三全育人”指的是全员育人、全程育人、全方位育人。“全员育人”是指高校全体教职员工都要参与到育人工作中，不断强化育人意识和责任感；“全程育人”是指在大学教育教学全过程、学生教师成长发展全过程中坚持立德树人的理念；“全方位育人”是指将学校、家庭以及社会等各方资源进行整合，实现育人工作的协同联动（梁伟等，2020）。

民族类高校是党和国家为解决我国民族问题而建立的综合性普通高等院校，民族高校是贯彻民族平等、民族团结和各民族共同繁荣政策的重要阵地。民族院校要以“立德树人”为立身之本，构建“三全育人”的教育工作体系，为促进各民族共同繁荣培养德才兼备的创新型民族人才，铸牢中华民族共同体意识（陈锦均，2019）。

二、我国高校心理健康教育的现状

学校心理健康教育是一项由一系列具体的教育活动构成的教育工作，同时也体现了渗透在所有教育活动中的现代化教育理念。学校心理健康教育通过一系列的教育活动，不断提高学生的心理健康水平，主要包括生命意义教育、人际关系辅导、自我认识教育、亲子沟通教育、性心理教育等内容。20 世纪 80 年代初，我国一些学者才开始进行学生心理健康状况的调查，我国心理健康教育工作可以归纳为教育实践活动、教育研究工作、教育师资培养、教育学术交流等几个方面。从 1982 年开始，国家大力推动和发展中小学心理健康教育，形成了相对完善的心理健康教育体系，但高校心理健康教育体系建设还有很大的差距。

随着经济、社会、科技等的不断发展，对于心理问题的重视程度也越来越高，高校大学生群体也出现了独特的心理健康问题和需求，而高校心理健康教育是帮助大学生解决心理问题、满足心理健康需求的有效途径和措施。高校开设心理健康调查可以快速高效地分析各年级大学生目前的心理状况如何，也可以及时识别并追踪具有心理问题的学生。高校中开展的各类心理健康课程将有效地帮助大学生了解更科学的心理健康知识，提高对自我的认知，学习更科学有效的方法去应对学习和生活中的心理问题。但是当前高校心理课程教学也存在很多的不足，主要包括了教学针对性不强、教学质量难保障、教学偏理论化等问题（张建灿、耿子亮，2021）。要通过开展教学改革，创新心理健康课程设计，用科学的理论和技术探索适应发展需求的心理健康教育课程。

研究表明，在高校，尤其是民族高校中，少数民族大学生占总人数的比例较高，从学生整体心理健康情况来看，存在心理问题的少数民族大学生人数较多，并且三级心理问题较突出（杨玉翠、杨倬东，2022），由研究分析可以看出，少数民族学生的心理健康问题亟需重视，高校少数民族大学生心理问题主要包括了学业压力、人际关系、经济压力、社交恐惧、就业压力等几个方面。因此，高校心理健康教育工作还需要针对少数民族大学生的实际情况进行更加精准的教育研究和教育措施，不断提高这一群体的心理健康水平。

三、以“三全育人”为目标加强学校心理健康教育工作

（一）全面参与，全员育人

学校心理健康教育的全面性主要是指学校心理健康教育要在学生生活学习的方方面面展开，学生的心理是一个有机的整体，因此要联系学生的实际学习和生活情况，将学生的知、行、意、情密

切联系起来，用系统的观点指导心理健康教育工作。学生心理与家庭、学校、社会环境之间也存在着错综复杂的关系，因此在进行心理健康教育工作中，要全面考察和分析学生各种心理现象出现的原因（陈家麟，2010）。

学校心理健康教育要促进全员参与。心理健康教育工作具有很强的专业性，需要专职的心理健康教师发挥自己的专业力量，在全校心理健康教育工作中做好领头羊的角色。除了心理健康专职教师以外，学校其他任职人员都是学校心理健康教育工作需要重视的资源。其他任课老师要在专业知识传授中渗透心理健康教育内容，激发学生积极向上的学习热情；行政管理人员在行政管理工作中要注意对学生的进行心理健康教育引导；后勤人员在与学生的日常接触中也要注重观察学生的生活情况和心理健康状况（杨晓慧，2018）。

相较于普通高校大学生而言，民族高校少数民族大学生从文化、教育、环境、生活习惯、语言沟通等方面都有一些独特性。高校心理健康教育需要考察和分析少数民族大学生各种心理现象、心理问题出现的原因。民族高校的教师以及其他工作人员也要提高对少数民族学生心理健康教育的认知，在少数民族学生学习和生活的方方面面给予心理援助，帮助他们更好地适应大学生活、更积极地完成大学学业。

（二）全程关注，全程育人

要全程关注心理健康教育。从纵向时间角度来看，高校学生从大一到大四不同年龄和年级都会有不同的心理特点，要根据不同阶段的特点制定阶段性的心理健康目标；从横向心理结构角度来看，学生的知、情、意等各方面都有差异。因此，学校心理健康教育不仅要根据不同年级学生的心理特点建立心理健康目标、实施心理健康教育工作，还要对不同学生的心理结构进行研究。

学校心理健康教育工作需要全过程、多方面地对学生的心理健康进行研究和分析，聚焦关键时期，加强对学生的心理困惑及困扰进行心理疏导。

研究表明，少数民族大学生心理问题存在的原因主要有三：一是文化差异，特别是饮食、生活方式等存在差异会给少数民族大学生造成心理压力（叶尔扎提·吐尔逊哈孜、马曼·哈山，2021）；二是经济条件，我国少数民族大多聚居在经济发展相对薄弱的地区，消费方面等会存在差异，这可能会让少数民族大学生出现适应问题；三是语言问题，不少少数民族大学生使用普通话交流的能力还具有较大的进步空间，这就会在人际交往方面产生压力（徐晓影，2020）。民族高校心理健康教育工作要将少数民族大学生心理问题产生的重要原因作为少数民族大学生心理健康教育工作的导向，全程关注少数民族大学生心理健康，并形成科学的预防和援助策略。

在高校心理健康教育中，首先要对少数民族大学生进行全面的心理测评。对于入学、毕业、考前等关键期，对不同年纪、不同阶段的少数民族学生适时开展“心理沙龙”“心理剧”“5·25”等形式的心理活动，向学生普及和宣传自我认识、人际交往、情绪管理、生活适应、文化差异理解、生命教育等主题的心理健康知识。在少数民族大学生学习成长的每一个阶段都需要全程融入心理健康教育。

（三）全方位渗透，全方位育人

学校心理健康教育进行全方位育人最重要的是进行学科渗透。学科渗透主要是指教师在学科教学过程中自觉地、有意识地进行心理健康教育。学校心理健康教育要通过学科渗透的途径来实现的原因主要有三：一是因为在学生的学习过程中，课堂教学是学生学习的重要来源，是学生学习生涯的重要部分，也是学生心理发展的重要场所；二是因为不同科目的教学内容和教学过程本身就具有非常丰富的心理健康教育的资源，教师在教学过程中充分利用这些资源进行学科渗透，可以让学生在学习专业知识的过程中潜移默化地提高心理健康素质；三是因为学科渗透可以让更多的教师参与心理健康教育工作，营造更丰富的心理健康环境氛围（陈家麟，2010）。

由此可见，对学校心理健康教育进行学科渗透并不是易事。首先，在学科渗透的过程中教师要树立“渗透意识”，在教育教学活动中主动进行心理健康教育渗透，还要对教学过程中学生出现的各种现象做出多元的评价，不能仅仅以学习作为唯一的评价标准，要不断发掘学生的心理潜能。其次，在学科渗透过程中教师本身必须具有健康的心理，因为学生具有“向师性”，所以教师积极的人生观和世界观、稳定的情绪、健康的人格都会对学生产生不同程度的影响。最后，学科渗透还应体现在教学过程的全面渗透，从教学目标到教学内容再到教学活动和教学评价都要进行全面渗透（陈家麟，2010）。

民族高校更要将学科渗透和少数民族大学生心理健康教育结合，除了具有针对性的心理健康教育途径，还要加强民族高校心理健康教育的学科渗透，让少数民族大学生在学习的方方面面了解到更多的心理健康知识及促进心理健康的措施和手段。因此，民族高校的教师除了需要提高自己的心理健康知识和教学技能，还要结合少数民族大学生的独特性将心理健康教育渗透各种课程的教学过程中。

四、结语

为更好地保障高校大学生心理健康，要以立德树人为中心，坚持全员全程全方位的育人理念。心理健康教育课堂作为高校心理健康教育工作的主阵地要不断地对心理健康教育课程进行创新，坚持科学性、发展性、整体性、多样性和联系现实的原则。学校要以客观的、科学的态度面对学生的心理健康问题，推动学生心理素质的发展，以整体的观点帮助学生改善心理健康问题，采用多样化的手段和形式营造轻松愉悦的心理健康课堂氛围，联系实际将大学生所面临的典型心理问题作为心理健康教育的重点教学内容，引起学生的共鸣，帮助学生更好地了解自我，更好地解决自身的各种问题。

民族高校要加强少数民族心理健康教育，开展丰富多样的心理教育活动来提高少数民族大学生的心理健康素养。民族高校要加强心理辅导，要提高对少数民族大学生心理健康教育的针对性。民族高校还需要对少数民族大学生定期组织和开展心理测试，根据测试结果分析少数民族大学生的心理和行为特征，高度重视出现心理问题的少数民族大学生，并对他们提供专业的心理援助。同时，民族高校教育工作者更要重视少数民族大学生的民族文化认同、文化适应以及由此而来的各种心理健康问题。

除了学校以外，社会以及家庭也是大学生心理健康教育的重要途径，要充分利用除课堂教学以外的其他教育资源和载体，增强课上课下连接、打破线上线下壁垒，共同筑牢高校心理健康教育工作体系。

参考文献

[1] 党的二十大报告中关于教育的重要论述. 河南教育（教师

教育），2022（11）：1.

［2］中共中央国务院印发《关于加强和改进新形势下高校思想政治工作的意见》. 社会主义论坛，2017（3）：4–5.

［3］梁伟，马俊，梅旭成 . 高校“三全育人”理念的内涵与实践 . 学校党建与思想教育，2020（4）：36–38.

［4］陈锦均 . 民族高等院校在铸牢中华民族共同体意识中的时代使命 . 中国高等教育，2019（20）：54–56.

［5］张建灿，耿子亮 . 产出导向下的《大学生心理健康教育》课程设计与实践——以某民办学校为例 . 财富时代，2021（10）：210–211.

［6］杨玉翠，杨倬东 . 少数民族大学生心理健康状况调查与对策实施研究——以革命老区 L 学校为例 . 湖北开放职业学院学报，2022，35（15）：44–46.

［7］陈家麟 . 学校心理健康教育：原理、操作与实务 . 北京：教育科学出版社，2010.

［8］杨晓慧 . 高等教育“三全育人”：理论意蕴、现实难题与实践路径 . 中国高等教育，2018（18）：4–8.

［9］叶尔扎提·吐尔逊哈孜，马曼·哈山 . 以心理健康教育促进高校少数民族学生文化适应 . 中国民族教育，2021（2）：52–54.

［10］徐晓影 . 少数民族大学生心理健康教育的途径和方法探析 . 民族高等教育研究，2020，8（03）：38–41.

高校网络心理咨询中保密的伦理困境与解决路径①

朱岚　袁荣

一、前言

随着互联网的普及，大学校园在满足大学生心理咨询服务需求方面面临着新的挑战。当代大学生成长经历多样，其中独生子女、单亲家庭、拥有“留守”经历的各类群体都较为庞大（张仪娜、鲍文，2020），且社会经济转型和智能手机普及推动大学生的人际交流方式更加多元，社会互动更加频繁，生活方式更加开放，这些都对大学生心理健康稳定提出挑战（张仪娜，鲍文，2020；梁丽、柳军，2017）。

从人群整体上看，当代大学生在未来将承受更多家庭和社会经济发展的责任，在当下又面对学习生活中的各类具体要求和挑战，许多大学生都体验过焦虑、抑郁、强迫等心理压力，需要一个能及时沟通的途径，尤其是适合大学生社交方式的匿名和专业人员互动的网络平台。应对心理问题并无捷径，有效防止大学生心理疾病的

① 依托项目：四川省 2021—2023 年高等教育人才培养质量和教学改革项目“心理健康类专业教师职业胜任力研究与实践”（项目号：JG2021-322）。

发生，就是在疾病之前提供有效且持续的心理咨询服务（Dryden et al., 2000）。心理咨询对于心理疾病的防治是预防性的、前瞻性的，也是衡量一所大学高等教育服务体系改革成效的重要标准。高等教育体系需要积极面对挑战，保证心理咨询服务的有效提供，满足大学生心理咨询需求。

二、高校网络心理平台咨询的优势

（一）提高校园服务水平

心理咨询互联网平台的搭建和使用可以及时且全方位地提高心理健康服务的效率，更好地响应大学生健康服务的需要，加强大学校园在卫生资源利用决策方面的参与，使大学生的心理健康责任和权利更加清晰。对一个拥有数千人甚至数万人的大学校园来说，校园心理咨询互联网平台的有效运作，可以提高心理咨询服务的可及性和及时性，特别是对大学生中危机群体服务的可及性。在心理咨询服务全天候开展的情况下，大学生无论何时何地遇到何类心理困扰都可以及时求助并得到有效帮助，无疑会提高个人和整个大学校园人群的心理健康水平。这类咨询从广义上包括健康信息发布、健康政策宣讲、健康知识普及等，并不仅限于传统的心理咨询与治疗。例如在平台上通过传染病专家的校园科普咨询服务为全体大学生开放，对大学生群体普遍关心的问题如新冠、流感、艾滋病等疾病进行科学的解答，可以提高大学校园管控传染病、应对危机的能力，增加信息透明度，增强大学生校园参与度，提升对大学校园服务的信任。

（二）完善大学综合育人功能

现阶段高校网络咨询服务团体主要由大学教师、行政人员及各类服务人员组成，一对一心理咨询由有咨询认证的教师构成。高校中具有专业心理咨询认证的教师人数少且还兼具基本的教学科研任务，远远不能满足学生的咨询需求，需要建立和扩大能提供校园心理服务人员团队以满足学生不同阶段心理服务需求。在打造和运营大学校园心理咨询互联网平台的过程中，各类参与人员通过网络教育和培训机会学习新的技能，将初期的心理咨询服务工作纳入团队合作过程中，运用互联网平台进行沟通，在为大学生提供心理咨询服务的同时，通过合作提升了团队协作意识和增进部门间的相互理解，在完成心理服务工作中能够提升参与者全体的工作效能感，提高工作责任和满意度进而提高和完善大学管理服务水平。另外，通过网络咨询平台，学生在获得充分、透明、及时有效的心理咨询服务同时，又增强了自我心理健康水平监督和调试水平，使其能够担当更为重要的心理“自助”任务，使大学生自治和学校科学管理的能力得以提升，促进学习型校园的形成和提高各类服务群体的教书育人能力和水平。

（三）优化高等教育职能

对于我国的高等教育体系来说，如何促进大学生心理健康一直都是大学生培养过程中一个非常重要的领域。大学校园心理咨询互联网平台有助于促使教育资源配置更加优化、平衡。心理健康知识与心理咨询平台的融合能够使心理咨询相关内容更加反映当代大学生实际心理健康需要，也可以促进高等教育的公平性和大学生享有心理咨询服务的可及性，还可以降低心理问题转化为心理疾病的概率，提高大学生心理安全水平。校园心理咨询互联网平台可以通过平台心理咨询师的诊断，增强对大学生心理疾病筛查和预防心理疾病的发生发展，提高心理诊断准确性以及转诊的及时性，这在一定程度上可以优化高等教育的育人职能。

（四）有效提高大学生的归属感和自我心理健康管理能力

在国内各高校的校园文化建设和校园服务中，大学生可以利用的各种校园咨询服务实际上是很多的，比如专业教师、授课教师、辅导员、导师等，但是心理咨询能够及时找到的合适对象就比较困难，一般就只能求诉于校医院或者心理健康教育中心。建立在互联网平台上的大学校园心理咨询则可以将专业的心理咨询师、教师、辅导员和各类提供服务的人员都囊括进去，针对学生心理咨询问题，通过大数据筛选出最适合的人员进行互动解答，增加心理咨询服务的可及性和及时性。在网络咨询过程中，学生及时与大学校园心理咨询服务提供方进行互动，有助于明晰和解决问题，同时问题一旦解决，学生的心理压力得以释放，又会提高其对大学校园的归属感、信任感和幸福感，以及对高等教育服务的满意度，并增强学生的健康素养，提高其自我管理和管控心理健康状况的能力。

三、高校网络心理咨询伦理困境现状

结合当前高校心理咨询工作实际情况，在咨询过程中容易遇到的伦理困境通常有以下几种：

（一）知情同意意识低

不少研究表明，必须加强心理咨询师在咨询过程中的知情同意意识（向楠、朱世宏，2010）。为保证来访者的权益，在一段专业的心理咨询正式开始前，咨询师会与来访者就知情同意进行工作。

如果来访者对知情同意的内容有疑问，根据咨询伦理守则，心理咨询师有责任针对来访者的疑问给予清楚的解答。而在高校心理咨询中，咨询师同时也是老师，在日常的教学工作中习惯性地对学生做安排做计划，当进入专业咨询环境中时，有时不能跳脱教学情境，会不自觉地减少或干脆不做知情同意，导致学生对咨询权益一无所知，被动参与咨询，影响咨询关系的建立。

（二）多重关系（或双重关系）不可避免

多重关系（双重关系）是咨询师在心理咨询或治疗过程中与来访者除了专业关系之外，还存在的其他社会关系。在高校中最常见的情况就是一个咨询师与某个来访者除专业的咨询关系之外，还存在师生关系。

（三）保密及保密例外难以把握

从心理咨询过程来讲，来访者为了保护自己，他们不会选择与同学或朋友交谈，也不想让别人知道他们的事情。咨询师在第一次会见来访学生时要解释保密原则和保密原则的例外情况（朱建军，2013；BAC，2000）。保密原则不仅要求在咨询和治疗期间对来访学生的医疗信息保密，还要求咨询师妥善存储和处理来访学生的记录和病例。记录和病历不仅是系统总结学生过去经历、心理测试和心理检查结果的文件，还可以帮助咨询师记录重要信息、整理治疗思路、分析疾病状况、制订咨询计划。这正是因为记录和病历通常包含患者不知道的过去和现在的经历，病历本身可能会给来访者带来不安全感。因此，完善保护制度和有效监管档案是降低来访者担忧情绪的基础，也是处理抵触的前提。然而，在实践中，存在太多的“泄密”可能。咨询师会与同事讨论案件，会在未结案前自行保存这些资料，会将危机个案和已结个案报送管理组织，也可能会在日常教学中使用这些个案，这些都可能会在无意中泄露来访学生的隐私，许多自认为是保密的化名其实是无效的，因为可能还包括了其他特殊的细节信息。许多咨询和治疗从业者没有意识到这些问题的严重性，也不关注和纠正这些问题，使来访者基本的信息安全权利无法得到有效维护。我国大多数心理咨询记录由咨询组织和患者自己双方保存，对精神病患者则要求保存其医疗记录但不在医保病历中登记。虽然美国在心理咨询和治疗方面比较发达，也提出了保密原则，但没有具体和统一的规定和指导（BAC，2000），一般只要求在发表基于案例研究的文章时，应谨慎对待某些案例或指出仅仅改变某些条件的名称或细节是不够的。原则上，应将记录、医疗记录等保存在安全的地方，如果没有专门的地方来保护它，它必须被关闭和储存（白晔，2021）。但是，改管理文件却没有明确这些信息是由咨询师抑或是组织进行管理，如何管理，如何交接，如何存储，如何关闭，这些都可能导致信息的泄露。

四、保密的重要性

保密原则既是心理健康咨询的基石，也是取得顾客信赖、达到良好心理咨询服务效果的前提条件。隐私权原则是一项特殊的隐私权原则，不仅受到相关道德观念的制约，也受到相关法律的保护。保密原则的特殊性不仅体现在道德与法律二元性的自然保护上，也体现在违反保密原则上。换言之，在某些特殊情况下，可能会违反保密原则，《中华人民共和国精神卫生法》还规定：“心理咨询人员应当尊重接受咨询人员的隐私，并为其保守秘密。”高等学校心理咨询中心在为大学生进行个人心理健康咨询时，也应当承担保密义务。但是，在实际运作过程中，高等教育心理咨询中心却仍然承担了部分大学生思想政治教育工作，与辅导员、高等教育管理者、大学生心理教育者、大学生心理健康教育者在工作内容和范围上有重合和对接情况。学生工作管理者及其他负责思想政治教育工作的老师们，从保持校园安定的角度考虑，会需要咨询师或者咨询中心公布或告知学生情况，心理咨询中心及心理咨询师会面对“保密”与“报告”的问题，影响着学校心理教育的正常进行。

保密原则对心理咨询有着重大作用。它表达出心理咨询教师对学生隐私权和独立性的重视，是咨询师与学生间良性交流的基石，也是构建安全与诚信的需要，使得来访者可以逐渐表达自我。心理咨询与治疗要求来访的学生相信心理咨询师，打开学生的内心世界，帮助心理咨询师了解学生个人的隐私与秘密，以此实现助人的目的。学生来访资料的保密不仅仅是对心理咨询师的基本要求，也是学生来访者对心理咨询师信赖的基础。它可以作为心理健康和治疗的重要依据，直接关系到心理咨询和治疗的有效性。所以，保密原则才是心理健康咨询和治疗的根本。也只有在确保来访人员隐私的前提下，来访学生和心理咨询老师才能建立良好的咨询关系，达到心理咨询和治疗的目的（秦书锐，2021）。当然，在特殊情况下，如保护来访者的利益或公共利益受到威胁且经过评估后，心理咨询教师有义务打破保密原则，其行为受法律保护。心理咨询教师应注意保密的特殊性，不断加强职业道德和法律知识学习，在尊重法律的同时保护来访学生的隐私，避免违法行为，更好地解决学生困难。

五、高校网络心理咨询伦理困境解决路径

（一）完善高校心理咨询行政管理制度

完善各高校心理咨询方面的各项行政管理制度，要结合高校自

身的实际情况，将学生放在主体地位，强化制度建设，完善心理咨询行政管理制度，加快速度建设完整的且符合高校特点的有效规章制度，尤其是保密条款的规定。确保学生在遇到难以解决的问题时可以完全信任并依赖学校内部的心理咨询师，可以在面对校内心理教师时无负担地讲述困扰自己的问题和难题，并积极配合教师参与治疗。

国内高校大多已有《高校心理咨询保密原则》《知情同意原则》和《高校心理辅导保密例外规则》，但高校保密例外的具体规定却较为鲜见（秦书锐，2021；中国心理学会，2018；易姝薇等，2017；赵静波等，2010）。学生工作人员是否可以查阅大学生心理咨询记录一直是一个有争议的问题，所以有关机构今后应制定关于高校心理咨询保密和豁免原则的具体细则（Sanders P，2002），以便协调和限制高校各部门避免因心理咨询态度不一致而伤害来访学生。同时，应加强高校心理咨询中知情同意原则的落实，如签署心理咨询知情同意书、保密原则和保密例外信息等并且对应细化条款一一落实。

（二）加强心理咨询保密原则的宣传

尽管大学心理咨询中心在心理咨询的具体过程中必须坚持保密原则，但仍有不少来访者会认为他们的信息不是完全被保密的（杨凡、钱铭怡，2009）。当对个案做回访时，不少来访者都对自己个案信息是否保密以及如何被保密等细节问题有所疑问。这提示学校在信息咨询开始前就可以考虑对咨询保密的具体信息进行宣传和公布，例如：心理咨询中心档案管理设备、咨询协议保存方式、相关网站、保密原则等。

（三）恰当使用保密原则并成文

来访学生往往是在积累了一定情绪后才会选择向心理咨询师寻

求帮助，大多数学生都会主动要求咨询师对其身上所发生的事情进行保密，但在咨询前，心理教师有义务告知学生心理咨询中的保密原则适用范围，要合理评估学生的心理状态和行为情况，如果学生有自杀或犯罪倾向，就需要告知相关的工作人员和父母。但这种判断标准不是单一的，标准可能是非常复杂的。并且这样的判断通常也不是一次性的，而更多可能是逐步发现或者突然呈现的，这就对心理咨询师的判断能力有较高的要求。一般在咨询之前咨询师就会告知基本的保密条款，并针对条款文字逐一告知学生，包括来访学生需要配合哪些工作，但是对一些特殊情况的保密要求及执行标准却少有条款标准（杨凡、钱铭怡，2009；赵静波、季建林，2007）。这就使得在面对特殊情况时，咨询师是完全依靠自己从业经验进行咨询实践，其标准的宽严程度，所达效果无法保证。所以今后可以考虑将特殊情况的保密行为加入成文条款供咨询师对照执行。

（四）优化心理咨询中心的硬件设施

高校应进一步优化心理咨询中心的硬件设施，特别是在保密和隐私方面要具体到每个咨询档案的保存和查询权限及区域的设置。例如，心理咨询中心不应设在宿舍、学生活动中心、图书馆和其他学生聚集区。心理咨询中心应注意隔音效果、独立舒适的个人心理咨询中心的安全以及网络咨询记录的存储区。

（五）充分运用知情同意保护来访者的信息

充分运用知情同意可以从技术上弥补高校咨询中先天的保护隐私不足、保密例外可能过度的风险。咨询师帮助来访者理解面临的风险后，后者至少还有一个选择，那就是拒绝在校内咨询，选择到校外咨询。知情同意具有两个核心方面：第一是告知来访者相关信息，来访者需要以此做出理智判断来决定是否开始咨询。第二方面是自愿同意，即来访者决定参加某个活动并非出于强迫或受到压力。高校咨询机构和相关学会应研制知情同意书范本，并要求咨询师明确告知来访者在学校咨询情境下保密的范围与符合保密例外的条件，以及存在的风险，供来访者完全理解后，选择是否咨询。知情同意不是首访一次性的行为，应将其融入咨询的全过程。因此，在从业的过程中真正做到知情同意和保密原则非常不容易，这不但需要有非常强烈的意识去自觉遵守和修炼，而且与临床实践的功底和水平密切相关。只要咨询师发现有需要来访者知道的行为，有可以选择的机会时，都需要进行知情同意。当来访者多次出现保密例外的情况，咨询师就要多次与其讨论，而不是因为以前有过类似的知情同意（Pope & Vetter，1992；马惠兰等，2003），就默认来访者同意。

综上所述，高校心理咨询和治疗工作仍处于发展阶段，保密原则的制定和实施还不够充分，心理咨询的特殊性要求咨询师和学生之间建立了互信之后才能继续。所以保密原则在心理咨询的基础和重要性上是显而易见的。本文通过理论研究和实务经验聚焦，发现高校心理咨询中保密伦理问题主要集中在保护隐私和保密例外领域，进而尝试提出通过区分咨询工作记录、加强咨询师专业培训与督导、研发保密例外细则和充分运用知情同意作为解决保密伦理困境的出路，未来应研制保密伦理问卷、进行个案分析，通过量质结合的方式产生成果。

参考文献

［1］张仪娜，鲍文. 重大突发公共卫生事件下农村应急管理研究——以新型冠状病毒肺炎为例安徽农学通报，2020（15）：78，10.

［2］梁丽，柳军. 团体心理辅导提升留守经历大学生心理资本

研究——以西南石油大学为例 . 西南石油大学学报（社会科学版），2017（4）：83–89.

［3］Dryden W Dava, Mearns D, Thorne T. Counselling in the United Kingdom: Past, Present and Future. Britain Journal of Guidance and Counselling, 2000, 28: 467–482.

［4］向楠，朱世宏 . 当代大学生生命价值观现状与对策分析 . 西南石油大学学报（社会科学版），2010（3）：110–116+137.

［5］朱建军 . 心理咨询中价值问题的处理原则 . 中小学心理健康教育，2013（8）：4–6.

［6］BAC. Supervision: Issues and Ambiguities, Report of the BAC Working Group on Supervision. Rugby: British Association for Counselling, 1998. BAC How Much Supervision Should You Have? Information Sheet 3. Rugby: British Association of Counseling, 2000.

［7］白晔 . 他们为何不愿走进心理咨询室？——谈校园心理咨询的困境与破局 . 心理与健康，2021（11）：40–41.

［8］秦书锐 . 高校心理咨询的保密伦理思考 . 科教文汇（上旬刊），2021（8）:166–168.

［9］中国心理学会 . 中国心理学会临床与咨询心理学工作伦理守则 . 心理学报，2018（11）：1314–1322.

［10］易姝薇，彭娟，庞锐 .《中华人民共和国精神卫生法》背景下高校心理辅导工作探讨 . 中国学校卫生，2017（10）：1444–1446.

［11］赵静波，季建林，程文红，付深省，杨海波，孙丽华，张岚 . 来访者对心理咨询或治疗师的伦理行为评价 . 中国心理卫生杂志，2010（1）：1–6.

［12］Sanders P. First Steps in Counselling: A Students' Companion for Basic Introductory Courses. 3rd Edition. Ross–on–Wye: PCCS.

Books, 2002: 3–4.

［13］杨凡，钱铭怡 . 美国心理咨询和治疗中的保密、保密的局限及相关研究 . 中国心理卫生杂志，2009（8）：543–548.

［14］赵静波，季建林 . 心理咨询和治疗的保密原则 . 中国医学伦理学，2007（4）：78–80.

［15］Pope KS, Vetter VA. Ethical dilemmas encountered by members of the American Psychological Association: A national survey. American Psychologist, 1992, 47: 397–441.

［16］马惠兰，侯志瑾，徐凯文 . 心理咨询与治疗中的隐私权、保密及其他伦理问题 . 中国心理卫生杂志，2003（10）：724–727.

疫情背景下网络团体辅导在心理健康人才培养中的创新与应用[①]

张海滨

一、研究背景

改革开放四十多年来，站在新时代的潮头，中国信息技术史已经来到互联网 +、大数据和人工智能时代。“互联网 +”时代为网络心理健康教育的发展与推进提供了一个全新的视角与相应的技术，为社会提供心理健康服务开辟了新的道路。特别是近年受疫情影响，高校针对学生群体开展的互联网 + 教育平台正成为一种新型教育的新常态，通过网络平台对高校学子开展心理干预服务，也成为各地推广的一种辅导方式。新冠疫情初期，国家卫生健康委员会疾控局印发了《新型冠状病毒感染的肺炎疫情紧急心理危机干预指导原则》，各省、自治区、直辖市应对新型冠状病毒感染的肺炎疫情联防联控工作机制，为指导各地科学、规范地开展新型冠状病毒感染的肺炎疫情相关心理危机干预工作提出要求。2020 年 2 月 3 日，四川省教育厅发布了《中共四川省委教育工作委员会　四川省教育

① 依托项目：四川省教育厅　四川高校心理健康教育培训基地研究课题“网络团体辅导在高校心理防疫中的应用研究”（2020SXJP005）；西南民族大学 2022 年课程思政示范课程《心理健康课程训练》（2022KCSZ078）阶段性成果。

厅关于疫情防控期间开通心理支持热线和网络辅导服务公告》，号召省内高校心理咨询专业力量开通心理支持热线和网络辅导服务，在疫情期间为广大师生和人民群众提供疫情相关心理支持服务。

社会发展尤其是疫情防控的需求，进一步对高校心理健康教育的人才培养提出了新的专业能力要求。然而，我国目前现有人才队伍远不能满足社会巨大需求，应用心理学专业学生不仅缺乏教学能力训练，也缺乏大量个别辅导、团体辅导等心理健康服务的实践和个人成长。应用型本科教育重在“应用”二字，要求以体现时代精神和社会发展要求的人才观、质量观和教育观为先导，以在新的高等教育形势下构建满足和适应经济与社会发展需要的新的学科方向、专业结构、课程体系，更新教学内容、教学环节、教学方法和教学手段，全面提高教学水平，培养具有较强社会适应能力和竞争能力的高素质应用型人才。

二、心理健康人才培育的教学创新

培养应用型人才，教学体系建设应该体现“应用”二字，其核心环节是实践教学。在《教育部关于全面提高高等教育质量的若干意见》(下简称《若干意见》) 中，针对当前影响和制约质量提高的薄弱环节和突出问题，围绕大力提升人才培养水平、增强科学研究能力、服务经济社会发展、推进文化传承创新，提出了全面提高高等教育质量具体措施，其中，包括创新人才培养模式和强化实践育人环节。在强化实践育人方面，《若干意见》提出了分类制订实践教学标准，增加实践教学比重，加强实验室、实习实训基地、实践教学共享平台建设，加强实践教学管理，广泛开展社会实践活动，生均拨款优先投入实践育人工作，新增教学经费优先用于实践教学。

目前我国高等院校应用心理学本科阶段的专业培养大多重理论、轻实务，所培养的学生在学校心理健康教育方面的胜任力不足，缺乏有效的教学与咨询能力、职业人格魅力，尤其在开展心理健康教育课堂教学、研究与指导方面的能力有待提高。更缺乏如何适应网络时代工作的相关知识和技能。

自2016年培养方案改革后，西南民族大学应用心理学专业主要以心理咨询和心理健康两个方向为主。在应用心理学专业课程群中，“心理健康课程训练”“团体心理辅导”“艺术治疗”等属于应用性的专业训练课程，主要是教会学生如何在利用课堂教学开展心理健康教育，尤其是如何利用团体辅导的方式开展课堂活动。通过课程的学习和训练，不仅为学生打好了心理健康课堂教学和组织活动的基本功，而且使他们形成了以团体方式进行专业学习、实践活动和个人成长的行为习惯，提高了他们的专业素养和综合能力。

同时，一名好的心理健康教师，不仅是心理健康知识的传授者，更应该担当起心理育人的责任。大学生作为受过高等教育的群体，在追求自我表达和实现成功的过程中，具有较高的自我价值，通常伴随着更高的精神和生活压力。而社会转型过程中各种多样化矛盾更可能使新一代大学生正面临来自学业、情感和就业等方面的压力。近几年，受新冠疫情的影响，部分学校无法正常复课，纷纷开展线上网络教学，不少学生出现了恐慌、孤单、没有安全感、焦虑不安等情绪问题，同时还存在时间管理问题、学业压力问题，以及家庭关系紧张等现象，这就对高校教学育人工作提出了全新的挑战。

2020年6月，教育部印发了《高等学校课程思政建设指导纲要》，明确将心理健康教育作为课程思政建设内容的一个重要方面。学校开展心理健康教育是落实立德树人根本任务、促进学生全面健康成长的重要途径，是提升学生思想政治教育质量、推动工作内涵式发展的重要任务。因此，心理教师要提升思想意识，意识到自身的育人责任，实现心理知识传授与育人目标培育的有机统一，将心理健康课程视作全课程育人格局的必要组成部分。

心理健康课的课程思政建设的关键着力点在于课程设计。心理教师必须要创新课程设计，结合当代学生的心理发展特点，拓宽教学思路，创新教学方法，发挥学生的主观能动性，将课堂由接受知识性向感受体验性转变，通过创设互动情境、增强学生情感体验的方式，避免为思政而思政的本位化，将思政教育融入自然的教育状态之中，实现潜移默化的影响。

结合以上思考，心理健康人才培育中，相关课程创新应注意以下四点：

第一，以“全员育人、全程育人、全方位育人”的三全育人理念，将心理健康教育和思想政治教育结合，培养自尊自信、理性平和的积极心态，促进专业成长和个人成长，达成树立正确的世界观、价值观和人生观的思想政治教育目标，科学有效地把“铸牢中华民族共同体意识”与心理健康教育融合在一起。尤其注重培养学生正确的职业理念和专业意识，这是教师胜任心理健康教育工作的前提，体现在职业价值观、学生发展教育观、职业角色观等方面。

第二，教学目标上，主要围绕学生民族地区社会心理服务胜任力的提升，通过培育铸牢中华民族共同体意识、科学精神、人文素养和社会责任感，讲授学校心理健康教育的理论、训练学生开展心理健康教育实务技能，促进学生个人成长，实现自助、互助、助人。学校心理健康教师的胜任力主要因素包括：有效的教学与咨询能力、职业人格魅力、研究与指导能力、工作品质、对学生真诚关怀、寻求个人发展的能力。

第三，教学方法上，开创“讲授—示范—训练—督导”四合一模型。以真实问题为导向，围绕学生在中小学实习中发现的心理健康教育的重要问题，开展教学设计，以模拟课堂方式开展实务训练，培养学生主体性和创新思维。将团体辅导技术运用于课程教学设计，充分发挥学生的心理潜能，使学生在团体中认识问题、分析问题和解决问题。学校心理健康教育工作的性质是发展性和预防性，其主要载体就是以课堂形式进行的心理活动课。心理辅导老师根据学生发展的特点和学生所处的环境特点，实时调整心理辅导的内容，使得心理健康教育的内容选择应当贴近学生的现实生活，选择学生最关心、最需要、最感兴趣、最感到困惑的问题。只有这样，才能够走进学生的心灵，在情感上产生共鸣，积极主动地参与、主动探究。使得学生在活动中能够有所收获。心理活动课要求每个学生用情感和体验来学习，在心理活动中，采用了灵活多变的活动形式，如热身法、导入法、讲授法、艺术表达、社会计量、定格法、心理剧、角色扮演、正念冥想、团体游戏等多种形式，尽可能让每一个学生都能被吸引过来，参与到活动中，得到收获。

第四，教学评价上，通过教师现场督导，学生集体评议，强化教学效果，增强学生对专业发展的认同，自觉地把专业与社会心理服务结合起来，为其职业发展打下了良好基础。教学评价集中在学生心理健康教育胜任力水平的提升。教学评价主要由教师现场点评和小组相互打分评价结合，由此建立起教师与学生之间，学生与学生之间的学习联盟，达到以学生为中心，以理论为基础，以技能为要点的教学创新效果。期末成绩中，以百分制进行成绩评定，课堂团辅方案设计占 40%，课程实践占 30%，小组相互评定占 30%。

三、网络团体在教学创新中的应用

自 20 世纪 90 年代起我国的团体心理辅导经历了导入期、探索期，现正处于专业化发展阶段。近年来，团体心理辅导多应用于以发展性目标的大学生群体，如唐海波等（2013）研究发现，采用团体心理咨询能够有效提升大学生的情绪智力；邓彩艳和段永（2012）的研究表明，团体心理咨询在改善民办高校大学生的人际关系方面有显著效果；团体心理咨询干预我国大学生心理健康效果的Meta分析的研究表明，团体心理咨询能够有效改善大学生的心理健康水平（何浩宇、崔寒尽、唐海波，2012）。樊富珉（2005）认为应通过多种方法考察团体心理咨询的有效性，包括收集达成团体目标的程度，团体的特征，小组成员的表现，团体成员对活动的满意度等，帮助领导者判断团体心理咨询是否有效。我国关于团体的研究多在学校、司法、医疗等领域，研究多通过干预某一变量和探究团体效果，研究方法常采用量化分析，研究内容多集中于人际关系、压力管理和情绪管理等。已有的研究已经证明团体心理咨询对大学生的心理发展有明显效用，当事人由于团体心理咨询逐渐向好发展。团体心理咨询过程中的影响因子是指对团体心理咨询效果产生影响的因素。在团体心理咨询的效果在高校中得到广泛认同时，对团体领导者、团体理论、团体技术、疗效因子等成分的作用机制成为研究者关注的重点。

2020年春季学期，由于疫情突发，全国各高校大学生纷纷居家隔离上网课。在网络教学实施过程中，将团体辅导的基本技术与课题教学加以结合，将思想政治教育融入课程教学过程，提升学生“自助”能力；将团体小组活动整合进课程实务训练，提升学生“互助”能力；将专业理论与技术创新融入教学内容，提升学生应用创新能力；将服务精神延伸到课后实践训练，提升学生“助人”能力。在课堂上，利用团体辅导活动，师生之间无时不在进行情感的交流和心灵的沟通，注重引导教师挖掘教材中有利于培养学生良好心理素质的因素，通过巧妙的设计，通过组织各种活动，使师生之间达到共鸣和合声，推进心理健康教师胜任力的提升。

从教学结果看，学生们上课的积极性较高，也从课堂上学习并且体验了网络团体带来的新挑战和收获。通过这种教学实施，不仅创新了一种贴合学生现有知识和技能的授课方式和教学结构，进一步完善了课程大纲、授课方式，让学生能利用有限的课堂时间得到更高效的学习结果，并且树立了关于心理健康正确的职业方向和专业意识。同时，这种授课方式也回应当下大学生的心理需求为目标，旨在对因心理困扰需要得到心理帮助的学生，以及因该次疫情遭遇心理障碍的学生及时得到适当的心理援助，使其恢复平衡，尽快摆脱心理困扰，减少心理障碍的发生。学生能够逐渐意识到心理健康教育教师的特殊性，这个职业不仅需要大量心理健康的知识及心理测试、心理评估等专业技能，更需要有一颗健康快乐的心灵。课后调查发现，课程教学中采用网络团体方式，可以有助于引发学生的学习兴趣，能促进学生在同辈团体中获得接纳和地位，帮助学生学习独立与成长，促进学生从参与过程中成为班级的一分子，进一步获得友谊和同伴。

心理剧的创始人 Moreno 相信，自发与心理健康有正相关，当自发受限时，个体的焦虑会增高，安全感消失也势必阻碍了创造性与自我的突破，而使自己陷于停滞状态，越发无法适应环境的变化和突如其来的困难。教学过程中，在团体安全设置下，团体游戏活动构建出一种安全的心理环境。在这个架构下，学生们被鼓励即兴表达，透过这种自发，可以产生最好的创造力。学生在网络团体中逐渐感到温暖、友善、自由自在，更容易被其他成员认为有价值，更容易感到被关怀、被支持、被了解，因此有助于学生的心理成长。学生彼此之间的沟通，也能更容易深入到感受和需求层面，进一步促进了班级凝聚力的产生。

网络团体辅导在教学中的实施，进一步强调了应用心理学的实践教学，并协助教师结合个案调查、案例搜集等多种方式总结课程结果，吸收借鉴优秀经验，促进了应用心理学实践教学的成果反思。此外，通过这种教学改革，也提高了学生教师资格证（心理健康教育方向）的通过率；促进学生主动参与社会心理服务中，强化了他们的社会认同，自觉地把专业发展与社会心理服务结合，为其职业发展打下良好基础。

参考文献

[1] 邓彩艳，段永．民办高校大学生人际关系团体心理咨询的效果研究．中国健康心理学杂志，2012（3）：472–475.

[2] 樊富珉．我国团体心理咨询的发展：回顾与展望．清华大学学报（哲学社会科学版），2005（6）：62–69，109.

[3] 何浩宇，崔寒尽，唐海波．团体心理咨询干预我国大学生心理健康效果的 Meta 分析．中国健康心理学杂志，2012（7）：1036–1039.

[4] 唐海波，张淑娟，刘超超．团体心理咨询对大学生情绪智力培养的效用．中国健康心理学杂志，2013（5）：716–718.

应用心理专业硕士毕业生满意度的调查与分析①

谭小宏

一、引言

在高校的教育质量监控与评价体系当中，毕业生满意度调查是常用的重要手段之一。人们往往从毕业生、用人单位、培养单位等不同角度收集对人才培养质量的反馈信息。目前，不少研究者和实践工作者把研究生满意度看作是监测与评估研究生培养质量的一个重要指标。在专业硕士研究生培养当中，研究者们也开始重视毕业生满意度的调查工作。借鉴顾客满意度以及学生满意度的相关定义，本研究对毕业生满意度做如下界定：毕业生满意度是指毕业生作为学习的主体，在学习过程中所体验到的、主观意味较浓的满意程度，包括对培养方式、课程教学、师资条件、实习实训以及常规管理等方面的感知与评价。

西南民族大学应用心理专业硕士从2019年开始招生，到2022年首届研究生顺利毕业。在人才培养过程中，围绕应用心理专业硕

① 依托项目：四川省2021—2023年高等教育人才培养质量和教学改革项目“心理健康类专业教师职业胜任力研究与实践”（项目号：JG2021-322）。

士的人才培养方案，在课程教学、专业技能实训、专业实习、学位论文等各个环节，研究生们作为培养对象，他们有着切身的体会和感受。因此，本研究对毕业生满意度进行调查，以期从人才培养对象的角度深入了解研究生培养过程，更好地改善和提升应用心理专业硕士的人才培养质量。

二、研究方法

（一）研究对象

本研究以西南民族大学应用心理专业硕士的 20 名毕业生为调查对象。

（二）调查工具

采用自编的“研究生满意度调查问卷”作为调查工具。调查问卷包括 3 个方面，一是总体满意度方面的题项 1 个，二是对培养方案、教师队伍、导师、课程教学、实习与实训、管理制度等方面进行满意度评价的问题 6 个，三是开放式问题 2 个。

（三）研究过程

本次调查采用实名制的方式开展。通过“问卷星”向 20 名毕业生发放调查问卷，由毕业生在线完成作答。调查数据经过检查，没有发现胡乱作答、错答与漏答等无效作答的问卷。随后，对 20 份调查数据及资料进行整理和分析。

三、调查结果与分析

（一）毕业生的总体满意度情况

调查问卷以“你对研究生期间学习生活的总体满意度评价是？”作为毕业生总体满意度的题目，要求他们以百分制的方式进行评价，分值越高表示越满意。调查数据显示：20名毕业生当中，最低的评分为59分，最高分为98分，平均分为80.3分。总体满意度评价分数的分布情况是：59分1人，60分1人，70 ~ 79分2人，80 ~ 89分12人，90 ~ 98分4人。

从总体满意度的平均得分来看，毕业生对研究生期间的培养是比较满意的。当然，也有个别学生对自己的研究生学习生涯不满意。究其原因，可能与研究生期间的学习和他们自身的期望存在较大的差距。

（二）毕业生对培养过程的满意度情况

对于研究生培养的主要环节与条件，调查问卷里设计了6个问题，具体的调查结果见表1：

表1 毕业生对培养环节与条件的满意度评价结果

内容	指标	非常满意	比较满意	一般	不满意
你对研究生人才培养方案是否满意	人数	3	11	5	1
	百分比	15%	55%	25%	5%
你对你的研究生导师是否满意	人数	13	6	1	0
	百分比	65%	30%	5%	0%

续表

内容	指标	非常满意	比较满意	一般	不满意
你对研究生教师队伍是否满意	人数	6	13	1	0
	百分比	30%	65%	5%	0%
你对研究生课程教学是否满意	人数	8	6	5	1
	百分比	40%	30%	25%	5%
你对专业实训、实习是否满意	人数	9	9	1	1
	百分比	45%	45%	5%	5%
你对研究生的管理制度是否满意	人数	2	8	4	6
	百分比	10%	40%	20%	30%

从表中可以看出，毕业生对于应用心理专业硕士人才培养的培养方案、导师、教师队伍、课程教学、实习实训和管理制度 6 个方面的满意程度，在“非常满意”选项上，最高的为“导师”，达到 65%；而在“不满意”选项上，最高的为“管理制度”，达到 30%。如果将“非常满意”和“比较满意”两个选项的百分比相加，对导师感到满意的为 95%，对教师队伍感到满意的为 95%，对实训实习感到满意的为 90%，对培养方案感到满意的为 70%，对课程教学感到满意的为 70%，而对管理制度感到满意的仅为 50%。

总之，从总体上来看，毕业生对培养环节和条件的满意度，评价是较好的。但不同的内容，满意度评价还是存在明显的差异。

（三）其他方面

为了进一步深入了解毕业生的想法，调查问卷设计了两个开放式问题。第一个问题是“研究生阶段哪项活动对提升你的专业能力帮助最大?”希望了解毕业生对培养目标的核心要素——专业能力的有关情况。从研究生的回答来看，他们对此问题的回答较为一致，主要集中在实习实训方面，16 人次回答了“实习”，包括到医院和到学校进行的专业实习；4 人次回答了“督导”；3 人次回答了“个体心理咨询”；2 人次回答了“毕业论文写作”；2 人次回答了“团体心理咨询”；还有 1 人次回答了“导师的组会”。

另一个开放式问题是“请你对学校应用心理学位点的发展提出建议”。毕业生的建议主要集中在以下几个方面：第一，实习实践方面（7 人次），建议延长专业实习的时间；增加专业实践的内容；实习内容和实习单位多元化，让研究生有一定的选择余地。第二，理论课程方面（5 人次），建议适当减少理论课程；根据人才培养目标完善课程体系，增强“针对性”；适当增加研究方法课程；适当增加心理健康教育研究方向的相关课程。第三，研究方向方面（5 人次），建议进一步增加研究方向；提升人才培养在研究方向上的针对性；进一步细化研究方向；明确心理咨询与心理健康两个方向的区别，并在培养环节加以区分；根据研究方向确定不同的实习与实践内容。第四，督导方面（2 人次），建议专业督导纳入课程体系进行管理，想办法满足心理咨询督导时长的要求。第五，其他方面（2 人次），建议进一步规范学院行政管理；引导研究生“走出去”，开拓学生的视野。

四、结论与建议

（一）调查结论

一是西南民族大学应用心理专业硕士毕业生满意度总体上较好。

二是在不同的培养环节和培养条件上，毕业生满意度有差异，对导师、师资队伍的满意度较高，而对管理制度的满意度相对偏低。

（二）对策建议

本研究的调查结果对西南民族大学应用心理专业硕士的培养具有较高的现实意义。毕业生作为人才培养的主体，他们反馈的信息值得在以下几个方面改善、提升。

第一，进一步优化实践教学，提升研究生专业能力的培养。应用心理专业硕士是以培养应用型专门人才为核心目标的，尤其是要通过实践教学来培养研究生的应用性能力。从本次调查来看，在实习单位、实习内容、实习时间、心理咨询督导以及专业社会实践等方面，还需要进一步完善、优化，真正助力应用性能力的培养。

第二，进一步区分研究方向，使得培养方式与培养目标相匹配。本次调查中，毕业生反馈较多的问题是培养方案中心理咨询和心理健康教育研究方向在培养目标、理论教学、实践教学等多个方面没有明显的区分度。两个研究方向虽然在培养目标的表述上有一定的差异，但是在具体的培养过程中，在理论课程教学和实习实训等实践教学环节，两个研究方向没有显著的差异。究其原因，心理咨询研究方向主要是以从业资格的标准来设计的，心理健康教育方向主要是从职业定位的角度来设计的，二者的逻辑出发点就不相同。人才培养方案的具体实施过程中，没有认真将两个研究方向进行区分。因此，未来人才培养方案的修订需提高二者的区分度，并且在培养过程中要注意培养内容与培养目标相契合。

第三，进一步优化管理制度，提高研究生管理的科学性和有效性。本次调查发现，毕业生对管理制度的满意度相对来说是偏低的。一方面，部分管理制度使得管理工作过于繁琐，耗费了研究生的时间和精力，增加了研究生的负担。这可能是导致满意度低的主要原因。另一方面，研究生作为年轻人，可能不太愿意受到过多的管束，即便是学校或学院的制度，他们内心也是有一定的抵触情绪的。因此，优化管理制度要从两个方面出发：一是优化管理制度，切实减轻研究生的负担；二是积极进行人性化管理，必要的管理制度要在培养过程中坚持下去。

（三）研究的局限性

本此调查研究存在一定的局限，主要表现在以下两个方面：一是调查对象的局限性，本次调查对象为 20 名应用心理专业硕士毕业生，被试数量偏少，调查数据不能达到推论统计的要求。因此，调查数据的结果主要是以频次、百分比为主，无法运用更多的统计分析方法进行数据处理。

第二，调查问卷的编制较为简单，也没有从心理测量学指标的角度对问卷进行信度、效度等方面的验证，调查结论的有效性需要进一步论证。另外，题项的数量较少，并且题目的设计也较为简单。有些毕业生选择了不太满意的选项，对此，本次调查未获得更多信息。

参考文献

[1] 于苗苗，包艳华，钱江超，等. 全日制专业学位硕士毕业生满意度调查与思考. 北京航空航天大学学报（社会科学版），2018，31（3）：115–119.

[2] 吴帆，高久群，刘鹏图. 临床医学专业学位硕士毕业生满意度的调查及分析——以中山大学为例. 高教论坛，2019（6）：78–82.

[3] 邓红，张欣怡，梁洁. 学习满意度究竟受到哪些因素影响——基于 2292 名应届本科毕业生的调查与分析. 扬州大学学报（高教研究版），2022，26（4）：76–86.

［4］马永红，张乐，李开宇，于苗苗. 全日制专业学位研究生教育满意度的调查分析——基于部分全国重点高校应届毕业生的视角. 高教探索，2015（12）：89–98.

［5］陈向阳，喻小红. 专业硕士应用性能力培养策略优化研究——以应用心理专业硕士（MAP）为例. 高教学刊，2020（3）：80–81，84.

应用心理学专业质性研究方法的十年教学总结与反思[①]

查抒佚

质性研究方法课程在本校应用心理学系的教学工作最早可以追溯到2011年，以一项质性研究课题为契机，笔者带着两三位感兴趣的本科生从零基础开始探索。时隔一年后，“质性研究的原理与应用”课程正式开课，当时只有十余名学生选修，以至于在课程实践环节全班只有一个选题，分三组分别去寻找访谈对象收集数据。到2021年，“质性研究的原理与应用”这门实践选修课在心理学系已经开设十年，从最初的十余名学生选修，到后来选修人数超过一百，其间的不易自是不足向外人道，留下更多的却是课程体系和讲授方式的不断打磨与完善，每一期的课时量也即将从最初的18节提高到32节。伴随着受过质性研究训练的学生不断增多，在本科毕业论文中涌现了大量优秀的质性研究文章，也有一些毕业生将该方法用到诸如用户研究等工作实践中，令人欣慰。值此开课十年之际，总结过往，展望未来就显得有必要了。

① 本文得到“四川省教育厅四川高校心理健康教育培训基地研究课题（2021SXJP027）研究成果”的资助。

一、课程开设契机

本系的质性研究方法课虽然始于一项课题，其背后却有国内外心理学研究范式发展的大契机。众所周知，心理学诞生于哲学和生理学探究人类自身的盲区中，其职责就在于为从经验层面提高人们对精神领域的认识提供指导，系统认识人性，在于从个体和群体层面解释人的心理与行为。然而，纵观心理学史会发现主流心理学并没有很好地履行这一职责，从冯特之后的主流心理学更多的不是为如何满足人们对心理学的期望，而是为如何建立一个形式上像物理学的学科体系而努力，这导致心理学一直处于不被认同的危机之中（舒跃育，2013）。"客观实验的研究范式，在研究物的过程中表现出的非凡威力，而在研究人时，却由于人性与物性的巨大差异而显得力不从心"（张春兴，2002）。自科学心理学创建以来，因量化研究的科学主义精神有助于心理学在科学之林中获得一席之地，故以数量化、控制化、标准化、客观性、精确性和可操作性等为特征的量化研究在心理学领域处于绝对优势的地位，以生态化、多样化、主观性、意义性和可理解性为特征的质性研究则处于被边缘化的弱势地位（姜永志、白晓丽，2014）。然而，面对复杂的心理世界，传统单一的量化研究出现了对人的心理缺乏整体把握以及对意志、情绪等内隐心理现象研究的力不从心。

后现代主义心理学思潮自 20 世纪 70 年代形成，他们反对实证主义，主张采用自我参照的现实性来代替客观现实性；他们引用新物理学派的观点来否定因果律，认为人们的观察方式会不同程度地影响观察结果，提出有必要重新考虑因果决定论的普遍性与预测性；他们重视人的高级心理，提倡用历史文化学的研究方法对人的思维、创造性和人际关系等高级心理进行多信息源的综合研究，使心理学真正成为指导人发展的活生生的科学。同时，心理学的本土化运动也在世界范围内兴起，人们意识到心理学研究的问题、构建的理论以及研究方法往往受一定社会文化背景的影响，心理学的许多研究应该也扎根于本土。在此背景下，人们开始对原有的质性研究方法进行发掘和充实，形成了新型的质性研究方法（陈向明，1996）。20 世纪 90 年代起，心理学界的质性研究如雨后春笋般兴起，并很快于 21 世纪初发展为一门系统的新兴学科体系，即质性心理学（王申连、郭本禹，2019）。在此大背景下，质性研究方法被越来越多的心理学人所了解、认可与应用，在心理学系开设质性研究方法课也就具备了非常重要的前提条件。

二、关于课程性质、教学目标与教学重点的思考与做法

（一）课程性质、教学目标与教学重点

十余年来，本门课程的性质一直被界定为实践选修课，所以教学目标也侧重于提高学生应用质性研究方法解决问题的能力。相比实验心理学、心理测量和心理统计等量化研究方法类课程在心理学培养方案中所占的大比重而言，质性研究方法课 1 个学分、18 节课的教学时间确实捉襟见肘。在有限的时间内要将与量化研究方法同样繁多的各种质性研究方法取向全部讲完是根本不可能的。当然，考虑到学生是先接受了大量量化研究训练后再来学习质性研究这一事实，我们也没必要期望学生能接受所有的质性研究方法。故此，该课程的教学目标与教学重点设计如下：

1. 明确研究方法的选择应该由研究问题驱动的原则

对不同的研究问题，研究者通常使用不同的研究策略，这种研究策略属于特定的范式，相应的，研究者会使用一些特定的研究方

法以及收集资料的方法去探究研究问题。任何一项具体的心理学研究，方法的选择应由研究问题驱动（何吴明、郑剑虹，2019），即从所研究问题本身出发选择研究方法，而不是从研究者掌握了哪种方法出发。

在更重人文方向的社会心理学、民族心理学和心理咨询等心理学研究领域中，质性研究方法有其难以比拟的优势。此外，人类心理受多方面因素的影响，根据马克思主义关于“人的本质由社会关系构成”之论断和心理学家维果茨基关于人类的高级心理机能是社会历史发展的产物的观点，中国人的心理特征与结构也必然受到中国文化以及中国社会历史特征的影响（秦金亮、郭秀艳，2003）。不顾及这一特殊性，将西方心理学的理论简单应用于理解和研究中国人的心理与行为规律必然会出现不适用的情况。比如直接使用西方心理学的概念与测量工具去评估中国人的心理时必须对其适用性进行考察，如果西方理论不适用于我国的国情，通过质性研究方法是有助于建立基于中国人的心理学理论与工具的。

为了在学生心中塑造这一理念，该课程在第一章就以“贫困地区辍学问题研究”为引子，要求学生从该现象中提出研究问题，并一步步引导学生发现他们所提出的研究问题中，有些是通过量化研究可以解决的，而有些只能或最好通过质性研究来解决。

2. 了解质性研究方法是一个方法大类，在有限课时内所能学到的非常有限

借由“中国的心理咨询师如何看待情绪以及如何在咨询中处理来访者的情绪?”“老年人关于癌症和临终关怀有哪些观点?”“退伍军人是如何建构离开军队前后的身份的？离开军队后的经历会如何影响退伍军人的男子气概身份?”“精神病人的‘意愿’以及这些意愿的变化是怎样的?”这样的研究选题，我们让学生认识到即便都是适合使用质性研究方法的选题也存在着不同的研究取向，比如第

一个选题最好使用解释现象学的分析策略或主题分析法，第二个研究问题采用扎根理论更合适，第三个问题则是话语分析的研究取向更为合宜。更重要的是，在质性研究中，上述方法不过是其中极小的部分，仍有大量在课堂上无法涉及的具体研究方法需要学生去探索和学习。

3. 克服前期量化研究训练的思维定势，着力培养学生以开放的态度对待质性研究

质性研究不同于量化研究的显著特征在于摒弃实证主义科学观和方法论，转而接受现象学、解释学和社会建构主义的科学观与方法论。在量化研究中研究者是一个旁观者、局外人，要保持对研究的价值中立态度，不能对研究对象施加任何个人影响；而在质性研究中研究者本人是研究工具，是一个参与者和局内人，研究者本人会对研究过程和研究对象施加影响。

质性研究与量化研究并非水火不容的两种方法体系，一方面，质性研究产生的假设可以由量化研究来检验，前者产生的深度访谈资料也可在设计问卷时作为问卷中的题项；另一方面，量化研究有助于质性资料的收集，为质性研究对象的选择提供参考，即两种方法的相互结合能够更好地发现心理现象的本质，深化心理学研究。

由于心理系学生一般从普通心理学的学习开始就完全沉浸在科学心理学的范式、价值和方法的学习中，因此很难一下子放弃量化思维模式。在着手设计一个研究或者阅读一篇学术论文时，他们往往无意间用量化研究的视角来看待问题（何吴明，2019），这种量化思维定势现象被国外学者称为量化敏感性（Quantitative Sensibility）（Braun，Clarke，2016）。

为了克服学生们在学习质性研究方法时受到前期量化研究方法的定势影响，该课程从指导学生选题开始即要求学生从现象中寻找问题，在确定问题后暂时不做文献阅读工作，也不对研究问题提假

设（量化研究恰好是从理论出发提出问题，并通过文献阅读来提出研究假设，这意味着学生只能在已有理论体系中寻找答案，而不是从社会事实中发现问题和得到答案），带着完全开放的态度去获得第一手数据资料，以及不带任何预设地对第一手资料进行分析，对分析结果持尊重态度，哪怕事实所反映出来的结果与研究者本人的感受和预期完全相反。

4. 以完整的研究流程为抓手，达到学以致用，以研促学的效果

一项完整的质性研究大致可以分为四个阶段：准备阶段、资料收集阶段、资料分析阶段和评价阶段。在准备阶段，研究者要回答“我可以如何做?”“我具体打算怎么做?”“我想找谁进行研究?”“我对研究会有哪些个人影响?”“我与被研究者是什么关系?”“我如何与被研究者建立关系?”等一系列问题。在资料收集阶段，以访谈为例，研究者需要回答“我如何了解被研究者的所思所想?”“我想知道什么?”“我听到了什么?”“我应该如何与对方对话”等一系列问题。在资料分析阶段，研究者要对资料进行整理和初步分析，根据初步分析的结果调整下一位研究对象的选取与提问策略。在收集的资料达到理论饱和后，研究者需要对资料进行归类与深入分析，最后进行理论的建构。在评价阶段，研究者需要对研究的质量、效度、推论以及伦理道德问题进行检测、反思与总结。

（二）教学设计

为了让学生达到学了就能上手的教学效果，该课程将9周的教学时间设计为一个完整的研究流程，涉及导论、研究选题、设计数据收集方法与工具、数据收集、数据分析以及撰写论文多个环节，具体安排如下：

第1～2周是质性研究的理论学习环节，介绍质性研究的定

义、分类、特征、与量化研究的关系，以及质性研究在心理学中的应用领域，同时要求学生课下完成组建研究小组和选择意欲研究的社会现象的任务。

第 3 周就学生们选择的社会现象，对每一组感兴趣的现象进行问题聚焦，明确各组的研究问题。当然，此时会有一些小组的选择并不适合使用质性研究方法，教师会指导学生重新寻找可研究的社会现象，并聚焦为具体的研究课题。

第 4 周以访谈为例，教学生如何设计一个对新手而言合适的访谈提纲，哪些提问方式从措辞以及有效性角度评价是好的，哪些提问方式是不当的，学生们的课外任务是小组讨论完善访谈提纲。

第 5 周的教学任务是如何实施访谈（以叙事访谈为数据收集方法为例）。考虑到学生们前期已经接受了咨询心理学面谈技术方面的训练，在课堂上请同学进行了无准备的演示，同时也将预访谈作为本次课的课下作业，学生需在下次课前完成安排访谈时间和地点、预约访谈对象、安排访谈者和观察者、实施与访谈，以及提交访谈者报告和观察者报告等一系列工作。

第 6 周深入各组了解预访谈的情况，此时有可能发现访谈者不合适、过于拘泥于访谈提纲、访谈对象不够典型所致的无话可说等问题，教师会针对这些问题指导学生采取对策安排正式访谈。本周的课下作业是小组完成至少一位访谈对象的深度访谈（要求单次访谈时长 1 小时左右），并将访谈录音转换为文本数据。

第 7 周教学生用质性分析软件（如 Atlas.ti）进行数据分析与整理，包括如何编码、引用、写备忘录、绘制编码网络图等。其中，编码，尤其是逐字逐句的初级编码、正确理解二级编码和归纳概括生成三级编码是难点。

第 8 周教师进入各小组中，回答学生的提问，对他们的编码结果进行逐一检查。学生在编码时最常见的问题是没有逐字逐句进行编码导致遗漏重要信息、编码不符合简洁性要求、编码曲解了原始数据的本意等。教师深入各组的演示可以帮助学生正确理解编码的原则，纠正早前编码出现的问题。

第 9 周的教学任务是质性研究的评价方法和研究报告的撰写，指导学生采用编码者一致性系数等评价工具来评估自己的研究结果，以及质性研究报告的写作框架和注意事项等。

这套教学流程经过多年的不断优化和应用，已经确信足以达到让学生切身感受质性研究是什么，以及掌握质性研究方法中的诸如叙事访谈、扎根理论、话语分析等方法的教学效果。不少学生在学习后更是积极地将质性研究方法用于各级各类学科竞赛以及毕业论文的研究之中，取得了不少成果。

三、反思与挑战

从本系 2021 级起，“质性研究的原理与方法”一课在培养方案中已从实践选修课调整为专业选修课，学分增加的同时课时量也增加了 14 节，这既是机遇也是挑战。

首先，原培养方案中 18 节课的设置确实在教学实践中出现了课时不够的情况，教师只能压缩理论学时，将更多的时间分配给实践环节的教学与指导中，这可能导致学生出现根基不牢的情况。同时，尽管我们已将大部分时间分配给了实践环节，但是仍然存在时间不够的情况，尤其是当选课人数太多时，很难做到每周都对所有学生小组的学习和实践情况进行深入了解与指导，常常出现下课后师生还需要花 40 ~ 60 分钟的时间进行答疑和讨论。所以，增加 14 节课有助于解决课时不足问题，也为教学内容的设计提出了新要求。

其次，师资不足问题。十年来心理系不断有新教师加入，但始终没有新生力量一起投入到质性研究的教学与科研之中。正如前文所说，质性研究是一个方法大类，笔者从心理学人最容易接受的扎根理论开始，在教学相长中逐渐学习了话语分析、解释现象学分析等新的质性研究方法，未来随着课时量的增加也将逐步将这些方法纳入教学内容中去。可一人的能力终究是有限的，无法“全能”地掌握所有常见的质性分析方法，例如当下在国内外心理学界日益受到重视的共识性分析、心理传记等质性研究方法也非常需要有人传授给学生。因而，在质性方法课的基础理论知识讲授完成后，邀请精通某个具体方法的教师专门讲解该部分内容会是一个较好的策略。

参考文献

[1] Braun, V., & Clarke, V. (2016). (Mis) Conceptualising Themes, Thematic Analysis, and Other Problems with Fugard and Potts' (2015) Sample-size Tool for Thematic Analysis. International Journal of Social Research Methodology, 5579(2015), 1–5.

[2] 何吴明 . 心理学质性研究方法课程教学体会和反思 . 科技文汇，2019（8）：94–96.

[3] 何吴明，郑剑虹 . 心理学质性研究：历史、现状和展望 . 心理科学，2019，42（4），1017–1023.

[4] 姜永志，白晓丽 . 心理学质性研究与量化研究的对立与融合：兼论心理学研究人文精神的回归 . 心理研究，2014，7（4）：9–15.

[5] 张春兴 . 论心理学发展的困境与出路 . 心理科学，2002，25（5）:591–596，583.

[6] 王申连，郭本禹 . 论描述心理学的质性精神 . 华中师范大学学报（人文社会科学版），2019，58（1）：177–184.

[7] 秦金亮，郭秀艳.论心理学两种研究范式的整合趋向.心理科学，2003，26（1），20–23.

[8] 舒跃育.心理学危机的实质与解决方案.心理科学，2013，36（6）：1510–1516.

[9] 陈向明.社会科学中的定性研究方法.中国社会科学，1996（6）：93–102.

民族院校应用心理学本科生的专业形象态度调查

张 勇

一、引言

党的十九大明确提出，中国特色社会主义进入新时代，我国社会主要矛盾已经转化为人民日益增长的美好生活需求和不平衡不充分的发展之间的矛盾。近年来，随着我国国民经济水平的不断提高、物质生活逐渐充裕，民众对精神生活有了更高层次的需求。最典型的表现之一，是民众对心理健康的关注程度越来越高。党的二十大明确提出，坚持以中国式现代化全面推进中华民族伟大复兴。而中国式现代化是人口规模巨大的现代化，是全体人民共同富裕的现代化，是物质文明和精神文明相协调的现代化，是人与自然和谐共生的现代化，是走和平发展道路的现代化。全体人民的心理健康也是中国式现代化的应有之意。党和国家高度重视国民的精神生活和心理健康。近年来，国务院和各部委连续发布多项关于国民心理健康的纲领性文件，比如 2016 年国务院发布《“2030 健康中国”规划纲要》，2017 年 22 部委联合发布《关于加强心理健康服务的指导意见》，2018 年国家卫健委联合 10 部委发布《全国社会心理服务体系建设试点工作方案》，2019 年国家卫健委发布《健康中国行动（2019—2030）》和《健康中国行动—儿童青少年心理健康行动方案（2019—2022）》，2021 年教育部办公厅发布《关于加强学生心理健康管理工作的通知》，以及 2021 年全国人大通过了《中华人民共和国家庭教育促进法》。

心理学已俨然成为一门显学。根据马斯洛的需求层次理论，在基本需求得到满足之后，人会自然衍生出更高层次的需求。在全面建成小康社会、全面建设中国式社会主义现代化的背景下，国民对生活品质有更高的需求，了解自我、探索自我、提升精神生活质量等就自然成为社会大众的关注焦点。近年来，心理学类的影视作品和文艺作品越来越多，相关的科普著作和视频也表现出更强的专业性和话题性。这一方面起到了很好的普及和传播作用，另一方面也侧面反映出社会大众的真实需求。从近年来高考志愿的报名情况来看，心理学专业的热度一直居高不下，第一志愿率处于中高水平。对考研报名的分析统计表明，应用心理学亦是最热门的专业之一。

从实际教学情况来看，心理学专业的学生对本专业的认识和态度通常是比较复杂而不稳定的。这一点在心理学本科生中尤甚。在影视作品和流行媒体的影响下，学生往往抱着极高的期待走进心理学专业的大门。但随着基础课程的逐步展开，学生的期待慢慢消耗殆尽，对基础知识的学习感到枯燥、厌烦和迷惑。这使得很多学生在尚未接触到心理学的应用领域之前，就已经对专业学习产生了倦怠。这是心理学专业所具有的比较特殊的学习特征，对心理学本科生的学业活动具有较强的破坏性。为此，本研究需要了解心理学本科生的心理需求和认识规律，在教学环节总结经验，提出相应的解决方案，促进学生更加顺利地完成本科课程。

一般而言，专业形象是指公众对某一专业的印象和态度。目前，学界对心理学形象这一概念尚未形成统一规范的定义。美国心理学家Benjamin（1986）认为心理学形象是指公众对于心理学的了解程度，以及心理学在公众中受欢迎程度。我国学者张积家等（2007）则认为，心理学形象是指人们对于心理学（包括心理学学科和心理学专业人士）的态度和理解程度。通过考察学生对心理学专业形象的态度，我们可以间接获知学生的专业认知和专业认同的情况，进而将其作为预测学生学业态度和学业自我效能感的有效指标。

二、问卷调查

（一）研究对象和工具

选取西南民族大学应用心理学专业的本科生作为本研究的调查对象。以班级为单位进行数据采集，总共回收有效问卷242份，有效率为96%。其中，男生76人，女生166人。大一51人，大二73人，大三71人，大四47人。

问卷选用马先华（2013）编制的《大学生心理学形象调查问卷》。该问卷共19道题，采用自评式五点评分，1表示完全不赞同，5表示完全赞同。总分为19 ~ 95分，分数越高，表明调查对象对心理学的总体形象和各维度的评价越好。问卷分为5个维度，分别是心理学的作用，共5题；对心理学的态度，共4题；心理学的发展现状，共3题；心理学的特性，共3题；心理学的重要性，共4题。问卷的 α 系数为0.88，在本研究中，所有项目的 α 系数为0.91。

使用SPSS20.0对调查数据进行统计处理。

（二）研究结果

1. 总体情况

统计结果表明，学生的心理学形象的总得分处于中等偏上水平（MD=74.32, SD=8.64）。这与前人的研究结果比较一致。张积家等采用顺序量表法和语义评定法从心理学的重要性、学科特性和学生兴趣这三个方面对心理学在广州大学生心中的形象进行了探讨。结果显示，大学生对于心理学具有较好的印象，他们对心理学的科学性和应用性等给予很高的评价（张积家，陈俊，2007）。马先华首次采用量表法与内隐联想测验相结合的方式对非心理学专业大学生对心理学的态度进行研究，结果表明，非心理学专业大学生对于心理学的外显态度与内隐态度具有一致性，且两者都能显著正向预测专业性心理求助态度（马先华，2013）。这表明，当代大学生整体上对心理学具有较为积极和正面的看法。这一总体态度也体现在心理学专业的学生身上。对研究结果作进一步分析可知，心理学专业的学生的心理学形象甚至略高于非心理学专业的学生。这说明，心理学专业的学生只是对专业学习感到困惑，颇有不得其门而入的感受，而并非对心理学专业本身产生了负面看法和评价。

2. 年级差异

对大一到大四学生的得分进行比较，统计结果表明，学生的心理学形象得分存在显著的年级差异（$F=2.79$，$p<0.05$）。总体发展趋势是，大一得分最低，大二得分最高，大三和大四的得分又逐渐下降。采用事后检验 LSD 进行多重比较，进一步发现大二、大三和大四学生之间并不存在显著差异，但是大一的得分显著低于大二（$F=3.92$，$p<0.01$）。这些结果表明，心理学专业的大一学生要经历对专业学习的迷茫和困惑，在进入大二之后得到了较大的改善。背后的原因可能是，与大一相比，大二的专业课程更加丰富，学生对心理学的了解和认同都有所增强。反过来，大一阶段的课程可能无法满足学生对心理学专业的亲近需求。大四的得分又出现下降，这与学生的考研压力和就业压力不无关系。

3. 性别差异

对男生和女生的得分进行比较，统计结果表明，男生的得分显著低于女生（$t=2.01$，$p<0.05$）。这一结果也与学生的学业表现具有高度正相关。其中的原因是多方面的。首先，心理学专业的性别气质更偏向于女性化，女生更容易对心理学形成更稳定的专业认同感。其次，就心理学专业的主流就业去向而言，比如中小学教师，女生的接受程度明显高于男生。如何在专业学习和职业规划之间建立紧密的联系，男生将面临更大的挑战和困难。最后，西南民族大学的应用心理学专业以心理咨询和心理健康为主要培养方向，授课计划也更多强调这些分支方向。从现有的职业市场来看，这些方向的从业者仍以女性为绝大多数。

三、培养建议与对策

（一）加强专业认知教育

大一学生在刚刚接触心理学时，面临比其他年级更加困难的情形，因此有必要增加针对大一学生的专业认知教育。心理学专业认知教育的具体内容可分为宏观和微观两个层面。在宏观层面，不仅需要向大一新生介绍心理学的全貌和历史脉络，还应帮助大一新生建立心理学的学科框架，使之对心理学的学科定位拥有更加准确和完整的认识。此外，还有必要结合当下的时代背景，向大一新生介绍心理学的前沿趋势和最新应用场景，以及对我国未来二十年极其重要的心理学领域。在微观层面，需要向学生介绍本科培养方案的内容和逻辑，展示并解释课程地图，使之对大学四年的学习范围和难易程度有初步的了解。同时，跟大一新生一起探讨学习心理学的过程中可能出现的问题，并分享具有可行性的学习心得和体会。

（二）完善心理学课程体系

心理学是一门交叉学科，兼有自然科学和人文社会科学的特征。在心理学的历史中，科学主义和人文主义一直是两条平行发展的学科线索（张建新，2021）。这是由心理学的研究对象和方法所决定的。人是一切社会关系的总和，人的心理和行为总是发生在特定的社会情境中。这决定了心理学不是一门纯粹的自然科学或社会科学。在研究和解释层次上，心理学介于生物学和社会学（人类学）之间，同时还受到底层的物理化学和上层的哲学的影响（李其维，2019）。在研究方法上，除了传统的基于实证主义和操作主义的量化研究方法，心理学亦采用个案分析、现象学阐释和质性研究等方法。这使得心理学专业的初学者很容易在心理学极为宽广的研究内容和完全不同的方法论取向中迷失。在课程设置和专业学习中，应该鼓励学生学会两条腿走路，既要学会实证研究的方法和技术，也要培养自己的人文素养和理论功底（刘昌，2022）。在本科阶段，学生应获得两条线索上的同时训练，不可偏废。这有助于大二和大三学生建立更加明晰的学业目标，进一步提升其专业认同和满意度。

（三）提供职业发展辅导

大四学生的专业形象得分明显回落，这主要是由于临近毕业，大四学生在现实的就业选择和就业压力面前，涌现出了对心理学专业的新困惑。就业压力通过态度转变，转移到了对所学专业的怀疑和反思上。针对这一问题，可以从大三开始，为学生提供更具个性化的职业发展辅导。大一大二以基础知识的学习为主，进入大三之后，应用课程和选修课程逐步出现，学生通过实际的学习和直观的感受，应该着手思考自己未来的职业发展方向。此时，专任教师、辅导员和班主任应该结合每个同学的实际情况，帮助他们探索适合自身的职业取向，并提供职业发展路径的指导和建议。

参考文献：

[1] Benjamin, L. T. Why Don't They Understand Us? A History of Psychology's Public Image. American Psychologist, 41(9), 941–946.

[2] 张积家 , 陈俊 . 广州大学生心中心理学的形象 . 现代教育论丛，2007(05):35-40，50.

[3] 马先华 . 大学生心中的心理学形象及其与专业性心理求助态度的关系研究 . 广州大学，2013.

[4] 张建新 . 心理学被科学和人文拉向何方？北京：中国社会科学报，2021-09-23(005).

[5] 李其维 . 心理学的立身之本——“心理本体”及心理学元问题的几点思考 . 苏州大学学报 (教育科学版)，2019，7(03):1-21.

[6] 刘昌 . 论作为人文科学的体验心理学 . 南京：南京师大学报 (社会科学版)，2022(04):70-78.

专业课程教育教学
创新专题

学科基础课教学效果达成的质性研究

——以“普通心理学”为例①

程科　聂可欣

一、引言

应用心理学本科专业人才培养教学改革也不断深化，学者们将关注点放在学生身上，坚持“以人为本”，也关注教师的重要引导地位。例如，周鹏生（2010）在“认知心理学”教学中采用“三加一”教学方法，以精讲为主，把讲授、导读、直观方法结合起来，对课堂和课外作业进行适当讲评；“心理学研究方法”课程教学则使用多元实践教学方式，培养学生科研素养，提高自主学习能力（王江洋，2015）。对我国大学本科教育改革来说，最迫切和重要的是教育理念的转变，以学生为中心的教学根本目的是激励学生投身学习，发挥学生的学习主动性（纪春，2019）。

约翰·比格斯 3P 教学模型的核心理念是“为学而教”，教学效果就是学生学习的结果：学生知识的获得、能力的提高、行为习惯的养成（占丰菊，2002）。部分学者将教学效果与学习效果等同起来，其落脚点在于学生是否在教学过程中或之后的一定时间内

① 依托项目：西南民族大学“普通心理学”课程思政建设项目（2022KCSZ053）。

获得成长（Kuh & Hu，2001；Kizilcec，R. F., Papadopoulos，K. & Sritanyaratana，L., 2014）；也有学者认为教学效果涉及教师的教学目标的实现（罗小蓉，2017）。

“普通心理学”是心理学专业必修的第一门基础课程，该课程的学习为构建心理学专业知识框架打下基础，提升专业的认同感。对标国家一流本科专业建设修订的应用心理学人才培养方案中，增加了“普通心理学”的实践学时；同时以“三全育人”理念为指导，将“铸牢中华民族共同体意识”融入专业教育课程，提出了六大素质培养作为教学目标：中华民族共同体意识、科学与人文素养师德规范、专业情怀、专业特长、职业规范、终身学习。针对大一新生文理科兼有，专业认知不足；缺少深度学习，实践能力不强；课程思政融合不足，持续效果不佳等教学“痛点”问题。经过两轮线上线下混合式教学探索，采用促进深度学习的教学模式，整合了“新型学习伙伴关系、深度学习任务和数字技术资源三大要素”（张侨平、陈敏、金轩竹，2021）。本研究采用质性研究范式，了解学生在“普通心理学”课程学习中的学习感知，进行过程研究和意义性阐释.

二、研究方法

（一）研究对象

选取 10 名正在上“普通心理学”课程的本科生为研究对象。访谈人数的确定按照理论饱和度原则执行，研究对象基本情况见表 1。

表 1　访谈对象基本情况

编号	性别	民族	班委 / 学习小组组长	访谈形式	访谈时间
S1	女	布依族	非	微信	2022.02.08
S2	女	回族	非	微信	2022.02.10
S3	女	回族	非	微信	2022.02.13
S4	女	回族	非	微信	2022.02.20
S5	女	汉族	非	微信	2022.02.27
S6	女	哈萨克族	非	微信	2022.03.10
S7	女	汉族	学习小组组长	面对面	2022.03.19
S8	女	彝族	班委	微信	2022.03.19
S9	女	汉族	班委	微信	2022.03.20
S10	女	蒙古族	非	微信	2022.03.21

（二）访谈提纲

本研究采用自拟访谈提纲，包括：①老师布置的课程或者课下的学习任务，你完成了吗？感受怎么样？②“普通心理学”教学的各种教学活动对你有什么帮助和启发？在哪个方面最有帮助？③你觉得“普通心理学”课程还有什么需要完善的地方？④老师还能做什么帮助本专业学生学得更好？

（三）资料收集

访谈初始遵循伦理规范，说明研究目的、录音请求、保密原则并且主动询问和解答受访者的疑惑。访谈结束后，对访谈录音资料进行文本转化，且保证转录文本忠于录音，以确保此项研究的可信度。正式访谈时长在 60 ~ 80 分钟之间，访谈转录文本约 12.5 万字。将经规范化处理后的文本导入 ATLAS.ti 9 软件中，根据三级编码的形式对文本进行编码与分析。

三、结果分析

（一）开放式编码：提取概念节点

本研究共得到课程认知、学习兴趣、专业承诺等28个一级编码，532个自由节点。二级关系编码在一级编码的基础上，继续选择归纳，并分辨主要类属和次要类属。比如在“积极生活态度”和“中华民族共同体意识”两个类属中，确定“中华民族共同体意识”为主轴编码，“积极生活态度”为次类属，学生能通过“普通心理学”课程学会求同存异、培养积极的生活态度，从而促进中华民族共同体意识的形成。本研究共确立9个主轴编码，与次类属发生联系；得出2个核心编码，分别为教学效果和教学反馈。

（二）课程教学效果的达成

课程教学效果是学生获得的成长和收获，包括6个方面：专业认知、自主学习、基本素养、中华民族共同体意识、专业情怀和专业特长。

表2　“普通心理学”课程教学效果的编码

主轴编码	开放编码	锚例子	提及文本数	参考点
专业认知	课程认知	讲定义、概念、理论等；对心理学有更深入的了解；其他科目是从普通心理学的分支去讲得更细	17	41
	知识结构	上课的部分是最系统性地去获取知识；有些测试自己会了解，上完课会知道知识点	14	39

续表

<table>
<tr><th>主轴编码</th><th>开放编码</th><th>锚例子</th><th>提及文本数</th><th>参考点</th></tr>
<tr><td>专业认知</td><td>学科前沿</td><td>阅读文献，可以让你了解近年的研究方向；作为一个补充吧，就可以拓宽我们的知识面</td><td>11</td><td>19</td></tr>
<tr><td rowspan="3">自主学习</td><td>学习兴趣</td><td>感觉它很有意思；有了更想了解的冲动吧</td><td>10</td><td>20</td></tr>
<tr><td>学习投入度</td><td>老师讲的话会更容易听进去；做报告对我自主学习，挺有帮助的</td><td>11</td><td>18</td></tr>
<tr><td>学习方法</td><td>一些学习方法上学习</td><td>6</td><td>15</td></tr>
<tr><td rowspan="4">基本素养</td><td>沟通协作能力</td><td>培养跟别人沟通的能力，还有协作团队能力。锻炼了我的组织能力，还有突发事件的紧急预案能力</td><td>9</td><td>17</td></tr>
<tr><td>表达能力</td><td>会给一些提示，以后做报告的话，哪些地方该详细讲，哪些地方短短几句就好。学会如何在很吵的环境下去引领氛围</td><td>7</td><td>15</td></tr>
<tr><td>思维能力</td><td>老师说看书的过程中要有自己的体会和自己的想法，包括你觉得他的观点不好的地方</td><td>5</td><td>9</td></tr>
<tr><td>信息检索能力</td><td>对文献怎么查，然后整理之类的</td><td>6</td><td>8</td></tr>
<tr><td rowspan="2">中华民族共同体意识</td><td>积极生活态度</td><td>让我们有了善于发现美的眼睛；我感觉发现每个同学的一些优点也很重要</td><td>8</td><td>20</td></tr>
<tr><td>中华民族共同体意识</td><td>就是民族和谐、融合，还有感受其他民族的一些文化或者是语言，如何去相处</td><td>3</td><td>6</td></tr>
<tr><td>专业情怀</td><td>专业热爱</td><td>应用这些知识是一件很幸福的事情。如果能真正地帮助到别人，也会很有成就感</td><td>9</td><td>12</td></tr>
</table>

续表

主轴编码	开放编码	锚例子	提及文本数	参考点
专业情怀	专业承诺	学完“普通心理学”没有让我有想要转专业的想法。会在某方面激励到我。会更想要从事心理学这方面的工作	4	6
专业特长	未来发展	情感或是学业的指引；会看那些心理学就业之类的，然后他们就说心理学不考研的话，未来就很难找到工作	6	7
	觉察与悦纳	书里涉及一些案例，会看到其实世界上有很多人和自己很相像，不必太在意自己怎么样	3	4

专业认知包括课程认知、知识结构和学科前沿。学生通过“普通心理学”的学习对这门课的课程性质有所了解，对于后面将要开设的专业课程也有了大致了解；通过课堂教学获得了系统知识结构，也对心理学研究领域、流派等有了更深的认知；通过阅读专业文献能领略学科前沿，拓宽知识面。

自主学习包括学习兴趣、学习投入度和学习方法。教学过程中，通过提高学生的学习兴趣，激发其对知识的探索；通过课前报告促使学生主动学习，并适当对学习方法进行引导。部分同学在进行专业兴趣探寻的过程中，投入且自主地完成专业学习。该目标与教学大纲中的“终生学习”有一定关联。

基本素养涵盖人文、科学素养，具体包括沟通协作能力、表达能力、思维能力及信息检索能力，对应于大纲中的“科学与人文素养师德规范”。在小组合作学习和思政专题任务中培养的同伴沟通和组织协调能力，通过读书报告及反馈锻炼了当众表达和从容控场的能力，阅读过程中要训练自己独立批判和辨证思考的能力，以及文献资料查阅中培养的基本的信息检索和整合能力。

该课程还培养了学生的中华民族共同体意识、专业情怀和专业特长，与教学大纲中的相关目标直接对应。通过“醉美民大”活动培养学生的中华民族共同体意识，能够保持积极乐观、善于发现美感受美好的生活态度，在与多民族交流的过程中求同存异，学习与各族同学相处，深刻理解“中华民族共同体”。专业情怀则包括专业热爱和专业承诺，学生表示在学习了“普通心理学”后对本专业更加认同，潜移默化地培养了助人意识，增强了学生的专业承诺及未来从事心理学相关职业的意愿。专业特长包括未来发展、觉察与悦纳。课程教学为学生提供了有关未来发展、专业成长和行业需求的指引；提高自我觉察和自我悦纳的能力，有利于自我成长和后续专业技能的发展。

（三）课程教学反馈

课程教学反馈是指学生对“普通心理学”课堂中的教学行为的感知和反馈，包括三个方面：课程教学、课程任务、考核与反馈。

表 3 “普通心理学”教学反馈的编码

主轴编码	开放编码	锚例子	提及文本数	参考点
课程教学	知识兼趣味	上课会用很多例子，不会让这个知识点过于枯燥，让更多地跟实际联系在一起	10	31
	引导与分享	循循善诱，引导我们去思考问题。 她会分享学习心理学的感受和看书的想法	11	17

续表

主轴编码	开放编码	锚例子	提及文本数	参考点
课程教学	有吸引力	她的声音语调，然后PPT和上课的方式都特别吸引我	9	30
	联系实际	根据一些定义，找身边有没有这种例子	8	21
	硬件设施	坐在后面的话，有时候真的听不清。然后那个投影也看不太清楚	2	2
课程任务	任务要求	布置过一个课堂思政的作业，主题是关于发现美，好像到老校区和新校区分别拍照，还有跳锅庄	7	9
		看书，然后要我们做报告。小组汇报	6	24
	任务感知	我的压力就是读书汇报，看别人在讲台上侃侃而谈的时候，会有压力，怕自己讲不好。还有可能是成绩压力吧	11	16
		“普通心理学”老师平时让我们写的东西都特别简单	7	15
	任务实施过程	带领者领导：组长直接分工，谁收集资料，谁做PPT，谁上去讲；按照时间纵向分成三批人，在前一批的基础上去审查加减东西	9	20
		自主完成：自己去查文献，然后结合那一章整理知识点	5	6
		成果分享：我记得当时有个展览，把我们拍的好看的照片展示出来	7	13
	任务完成效果	都对我帮助很大；老师讲解很有帮助；读书报告以及老师和同学们推荐的书有帮助；小组学习利大于弊；专业文献帮助最大	10	31
		不会提高学习的兴趣，也不会更加投入。对下面听的人其实帮助不大，还有的小组直接按着PPT来讲，没有自己扩充的知识	9	27

续表

主轴编码	开放编码	锚例子	提及文本数	参考点
考核与反馈	多元评价	除了成绩还有别的一些评价。出的题目也不是特别难	12	34
	积极反馈	读书分享，老师就讲有几个同学分享得很好。她会点评一下我们做报告的方式	9	9
	过程管理	老师跟我们班委讨论思政活动。会给组长开会，应该是在监督我们的进度	3	7

学生对课程教学的反馈包括知识兼趣味、引导与分享、有吸引力、联系实际和硬件设施。同学们对课程教学的总体反馈是积极的：授课过程讲知识性和趣味性相结合，以学生为主体教师主导的课堂互动，教师分享经验引导学生积极思考，生动的教学课件吸引学生专注于课堂教学，联系生活实际的举例让专业知识易于理解。与此同时，也有同学提到教学条件有待改善，例如大教室空旷，坐在后面听不清、投影画质不佳等则会阻碍教学效果的达成。

课程任务包括任务要求、任务感知、任务实施过程、任务完成效果。受访者提到的任务要求有思政专题活动、读书报告和合作学习汇报。对任务的感知上六成受访者表示会有压力，包括当众发言的压力、同辈比较压力、成绩压力及阅读文献压力；另外四成则认为这样的学习任务整体来说比较简单。任务实施过程包括带领者领导，成员自主完成、成果分享。任务完成效果则毁誉参半，有效的部分在于“读书报告以及老师和同学们推荐的书有帮助”“小组学习利大于弊”“专业文献帮助最大”；无效的部分在于“不会提高学习的兴趣”，尤其是小组学习汇报对“听的人其实帮助不大”。

考核与反馈是指教师的考核方式及教学过程中对学生的反馈情况。总的来说这门课的评价是多元的，“除了成绩还有别的一些评价”；读书分享或小组汇报后老师会做出针对性评价和建议；教师也会与班委讨论和给组长开会的形式参与课程任务的过程管理。

四、讨论

（一）基本达成教学目标

本研究中得出的六大教学效果是专业认知、自主学习、基本素养、中华民族共同体意识、专业情怀和专业特长。在“普通心理学”课程教学大纲中提出六大教学目标：中华民族共同体意识、科学与人文素养师德规范、专业情怀、专业特长、职业规范、终身学习。通过比较可以发现“中华民族共同体意识、科学与人文素养师德规范、专业情怀、专业特长”这四个教学目标基本达成，而职业规范和终身学习则未能充分体现。另一方面教学中达成的专业认知也符合这门课程作为第一门专业课的特性。通过该课程，了解心理学学科的概况，形成心理学的知识框架，对于后面将要开设的专业课程也有了心理预期。

该课程通过思政任务，铸牢中华民族共同体意识，引导学生用心理学的眼光和方法看待个人和社会发展中的问题，培养了学生积极正确的三观，关注生活和生命的美好意义，在民族关系中增进共同性，尊重和包容差异性。课外任务扩充了教学的延展性，教学效果涵盖合作沟通、学术汇报、组织协调等人文素质；通过查找和阅读专业资料训练了辩证思维、文献检索等科学素养。专业情怀和专业特长则主要通过课堂教学和师生互动达成，教师通过言传身教，分享自身的成长体验，让学生通过观察学习体验到心理学的专业价值，增强学生的专业承诺，启蒙职业理想。由于该课程的基础性，对专业情怀和专业特长的培养有限，后续专业课程中还应持续厚植专业情怀，提升专业特长。相比之下，职业规范和终生学习的引导还需进一步加强，例如可以结合实例分析或对读书报告点评时恰当融入职业规范常识和终生学习理念，潜移默化地起到教育引导作用。

（二）促进学生自主学习

本研究结果显示教学达成的自主学习值得一提。从高中升入大学，大部分同学都会体验到学习上的不适应，其中最核心的就是需要从被动学习转为自主学习；自主学习在教学效果的影响体系中起中介作用（文学舟、梅强、关云素，2019），即各种教学因素通过学生自主学习能更好地影响教学效果。

该课程设置了表层学习与深度学习相结合的多重学习任务，发挥学生的主观能动性，将课堂由接受知识性向感受体验性转变。采用“雨课堂”+腾讯会议建立线上教学平台，学习 MOOC 课程后在“雨课堂”完成测试题，以检验表层学习效果。深度学习任务则由教师提出基础任务要求，学生有充分的自主权去学习和完成各项任务，每项任务均有明确学习目标和清晰评价标准。

师生形成“交互主体”关系，师生间、学生间可以就知识信息和情感、态度、需要、兴趣、生活经验、行为规范和价值观等各方面展开动态对话（占丰菊，2002）。兼具知识性与趣味性的课堂教学增强了学生的参与感，提高了学生的学习投入；不同类型的课程任务鼓励学生探寻自己的专业兴趣，激活自主学习的内部动机。因此，培养学生的自主学习是“普通心理学”课程教学中重要的成果之一，促进学生形成良好学习习惯。

（三）结合教学反馈持续改进

该课程中有四种创新教学方法：读书报告、合作学习、思政专题活动和文献阅读。读书报告要求阅读一本自选的专业书籍并于课前 5 分钟进行分享。合作学习要求以小组为单位自选一个章节内容，在寒假查阅相关资料并在第二学期的课堂中进行汇报讲解；不定期在班群发布学术前沿文献，供同学们自主阅读。知识型任务的完成效果以讲解知识的清晰流畅，提取重点的能力以及是否有知识扩充为标准。思政专题活动的完成效果则在大家的共同协作下以照片墙的形式展出后，得到认可。教学效果的衡量也基于学生能否主导自身学习、是否展现积极品格。但由于文献阅读没有硬性考核要求，学生的总体印象不深，表明有考核与反馈的教学任务更能促进学生思考，而“当学生的学习参与度提升后，提高学生素质能力的目的才能更好的达成”（刘宏哲、刘金兰、林盛，2012；周海涛、胡万山，2019）。

“发挥评估对教学质量持续改进的作用，是本科教育改革中最为关键的环节”（纪春，2019）。今后的教学实践中可以在任务拟定、效果评价、结果推广等方面进一步调动学生主动性，持续深化“师生互动”“生生互动”的教学过程，从而达成更全面、具有更长远影响的教学效果。

五、结论

第一，“普通心理学”课程教学获得相对全面的教学效果，教学大纲中提及的“中华民族共同体意识”“科学与人文素养”“专业情怀”“专业特长”这四个教学目标基本达成；大纲中提到的“职业规范”与“终生学习”则未能直接体现。

第二，培养学生的专业认知和自主学习也是该课程教学的重要成果。

第三，学生对教学反馈总体正向，课堂兼具知识与趣味，有吸引力，评价方式多元。课程任务应有相应的评价标准，注重结果汇报与教师反馈，否则起效甚微。

参考文献

[1] 习近平.决胜全面建成小康社会夺取新时代中国特色社会主义伟大胜利.人民日报，2017-10-28.

[2] 周鹏生.应用心理学专业课“三加一”教学方法探析.中国电力教育，2010（35）：79-80.

[3] 王江洋.多元实践教学方式在《“心理学研究方法”》课程教学中的运用.沈阳师范大学学报（社会科学版），2015，39（4）：146-149.

[4] 纪春.为学而教：3P 教学模型对大学本科教育改革的启示.江苏高教，2019（12）：109-115.

[5] 占丰菊.比格斯教学理论述评.外国教育研究，2002，29（9）：20-23.

[6] Kuh, G. D., & Hu, S. Learning Productivity at Research Universities. The Journal of Higher Education，2001, 72(1): 1-28.

[7] Kizilcec, R. F., Papadopoulos, K., & Sritanyaratana, L. Showing Face in Video Instruction: Effects on Information Retention, Visual Attention，and Affect. ACM. In Proceedings of the 32nd annual ACM conference on Human factors in computing systems, 2014: 2095-2102.

[8] 罗小蓉.农村普通高中远程网络直播教学效果研究——以成都市 C 中学为个案.成都：四川师范大学，2017.

[9] 张侨平，陈敏，金轩竹.理解深度学习　促进深度教学.教育科学研究，2021（4）：50-54.

[10] 文学舟，梅强，关云素.高校本科专业教学效果影响因素实证研究.高校教育管理，2019，13（1）：104-112.

[11] 刘宏哲，刘金兰，林盛.大学环境影响学习收获的自主参与模型探析——基于K大学调查的实证.复旦教育论坛，2012(5)：39-44.

[12] 周海涛，胡万山.研究生有效教学的特征——基于教育学研究生课程收获影响因素的调查分析.学位与研究生教育，2019(2)：24-29.

中华民族共同体意识进入“教育心理学”课程的实践框架建设①

马巍莹

中华民族共同体意识是国家统一之基、民族团结之本、精神力量之魂，具有重要的咨政育人功能。铸牢中华民族共同意识已经成为新时代关系国家与民族命运的重要理论和现实命题。

在高校课程中融入中华民族共同体意识，有助于培育当代学生正确的历史观、文化观、民族观、国家观；有助于铸牢国家统一稳定的思想根基。“教育心理学”是教育学类学生必修的课程，是为党和中华民族伟大复兴培养教师素养的重要环节。本文以高校教育心理学课程为例，探讨如何将中华民族共同体意识这一思政元素融入其中。

① 西南民族大学 2023 年“铸牢中华民族共同体意识”教学改革专项：铸牢中华民族共同体意识的《教育心理学》对分课堂教学研究。

一、中华民族共同体意识进入教育心理学课程的内在依据

首先，中华民族共同体意识是新时代赋予的思想政治教育的重要内容。

2016 年，习近平总书记在全国高校思想政治工作会议上强调："要用好课堂教学这个主渠道""使各类课程与思想政治理论课同向同行，形成协同效应。"专业课程学习与思想政治教育融会贯通、同向同行，形成全方位、全过程、全员育人的课程建设已经在高等教育界逐渐形成共识。铸牢中华民族共同体意识是新时代思想政治教育的重要内容。习近平总书记在参加十三届全国人大四次会议内蒙古代表团审议时指出"要在各族干部群众中深入开展中华民族共同体意识教育，特别是要从青少年教育抓起"。教育是铸牢中华民族共同体意识最重要的途径之一，学校是开展中华民族共同体意识教育的主阵地。在全面建设社会主义现代化国家新征程上，要将中华民族共同体意识更深度融入教育体系，贯穿人才培养全过程，铸牢各族人民共同团结奋斗、共同繁荣发展的思想基础。

其次，"教育心理学"是培养教师素养的必修课程，可作为中华民族共同体意识"价值塑造"与教育教学"科学能力"的重要联结点。

从学科性质的角度来看，"教育心理学"的理论性较强，是教育学相关学科的理论基础或科学依据；具有极为鲜明的实践性，有助于帮助教师了解教与学过程中的各种心理与行为现象，提高教育教学的工作效率与质量。因此，在"教育心理学"的课程思政建设过程中，需立足于培养什么人、怎样培养人、为谁培养人这三个维度来制订课程和教学目标，在原有的知识目标、能力 / 技能目标、

情感目标基础上，充分挖掘中华民族共同体意识的教育元素，将“教育心理学”这门课程作为“价值塑造”与“科学能力”的重要联结点，提高教师教育教学素养，促进教师专业发展。

最后，教育心理学课程应成为“教”与“育”的示范课程，做好课程思政的榜样。

课程思政是一种全新的育人理念，是把政治元素融入专业课，潜移默化地去感化学生、影响学生，使学生在轻松、愉快的环境中内化自己、提升自己的理念。追根溯源，课程思政的价值内涵就是育人，因此课程思政是立德树人的有效途径，立德树人是课程思政的价值本源，二者都是更好地为社会主义服务，都是为了培养合格的社会主义建设者和接班人，因此谈课程思政必然离不开立德树人，而课程思政同时发挥着立德树人的功能。“教育心理学”这门专业必修课程，在教学中不仅要教好专业知识，还应该从育人方面着手，让学生在学好专业课的同时，树立正确的历史观、文化观、民族观、国家观，认同祖国，认同中华民族、认同中华文化、认同中国共产党、认同中国特色社会主义。教育心理学课程教师不能仅仅停留在认知上，更要落实在行动上，主动推进教育心理学课程思政改革，在思想性、趣味性、实践性上下工夫，也要用自己的行动感化学生、影响学生，体现教师劳动的示范性。同时也体现课程思政的榜样性，使教育类/师范类学生提高政治站位，从中华民族伟大复兴的高度，深化开展中华民族共同体意识教育。

二、中华民族共同体意识进入教育心理学课程存在的主要问题

虽然“中华民族共同体意识”和“课程思政”在近些年来成为学界的热词，但如何进入一门具体课程，尤其是进入专业课程，仍

旧任重道远。教育心理学的课程改革、课程思政有众多研究，但未紧跟时代需求，鲜有研究探讨中华民族共同体意识如何进入“教育心理学”课程。

另外，教育心理学课程本身也存在来自于教学内容、教学方法、教学资源等方面的诸多问题。教学内容上，“静态的”思想理论与“动态的”应用实践难以有效系统衔接，不利于学生理解时刻处于变化过程中的教育教学现象。教学方法上，单一被动的灌输式学习，容易变成枯燥的知识点罗列与僵化记忆，难以进行政治方向和思想价值的引导。师范类学生人数很多，教学基本采用讲授法，教师讲，学生听，课堂气氛沉闷，学生学习主体性无从谈起。教学资源上，现有的教育心理学课程的教学资源较为丰富，但无论是教师还是学生都较为缺乏整合资源、优化资源的意识或能力，导致“教育心理学”课程的教学效果与师生的期望、课程自身的作用和未来教师职业的要求存在很大的差距，未能较好地体现该课程的价值，客观上影响了师范专业人才培养质量。

基于以上原因，包括教育心理学在内的诸多课程的课程思政，尤其是中华民族共同体意识进入专业课程即使是取得一时成效，也难以持续并大面积推广开来。

三、中华民族共同体意识进入教育心理学课程的实践框架

尽管教育心理学的课程思政，尤其是中华民族共同体意识进入“教育心理学”课程面临诸多棘手的问题，但同时也为其实践框架的探讨提供了空间。本文注重思想政治教育元素的加入，加深跨学科视阈的宏观契合性，寻求满足课程思政要求与创新课程范式方法有机联动的实践框架。

（一）从“三全育人”视角理性审视课程思政，回归立德树人的根本遵循

课程思政强调的是以立德树人为目标，以“全员、全程、全方位”育人为引领，推进各类专业课程与思想政治理论课同向同行，发挥协同育人的作用。课程思政作为新时代党加强高校人才培养和思想政治教育的新要求、新举措、新方向，从根本上回应了“为谁培养人、培养什么样的人、怎样培养人”等重大理论与实践问题。

当前我们正处在中华民族伟大复兴战略全局和世界百年未有之大变局历史交汇点，中华民族共同体意识、人类命运共同体理念等深入人心，我国正在加速构建发展新格局。然而，我们也应该注意到，国际竞争激烈，挑战升级。因此，做好大学生的思想政治工作，尤其是将要成长为教师，将要为党育才，为国育人的未来教师，更是需要德才兼备，具有家国情怀，具有正确的民族观、世界观和价值观。

因此，要让中华民族共同体意识进入教育心理学课程，要从“三全育人”视角理性审视课程思政，回归立德树人的根本遵循。

（二）建构以学生学习质量为关键要素的教育评价体系，实现教与育的统一

人本主义心理学认为，人的成长来源于个体自我实现的需要。高等教育的目的就是通过知识传授与能力养成，使学生具备探究未知的热忱、追溯既往的周密以及判断当下的审慎，“实现自主学习并获得研究素质”（张烁，2016）。使个体潜能得以释放、保持和增强，学习与研究两者互动、融合，最终实现二元一体，不失为一种实现此目标的好思路。

学习与研究一体的思路可尝试以问题析出、知识整合、结构搭

建为目标打造紧密关联的三大教学模块，以期通过对教育心理学课程的方法、内容等的系统化改革实现对学生学习与研究综合创新能力的培养、训练与反馈，并与中华民族共同体意识有机结合，形成完整的系统，环环紧扣，互相论证和支撑，从历史、现在和未来的时空维度到现实应用维度，帮助学生从教育学和心理学的理论和规律角度理解中华民族共同体意识，潜移默化地建立起对中华民族共同体的深刻认识与理解。这一思路还可以让学生和教师同时投入思考和探索，促进师生间的深度互动，教学相长。

例如在学生心理和教师心理这个专题之下，可以让学生思考和探究如何将根据不同民族学生的文化差异来因材施教，让学生展开讨论，在互动中让学生感受各民族的文化和共享的中华民族文化，由此加深学生对不同民族的了解，从中汲取知识和精神养分，培养对中华民族和中华文化的认同感。

因此，要在教学过程中构建以学生学习质量为关键要素的教育评价体系，真正实现教与育的统一。

（三）守正创新，主动衔接时代发展需求，推动中华民族共同体意识入脑入心

习近平于2019年3月18日，在学校思想政治理论课教师座谈会上讲话指出："我们通过守正创新形成了中国特色社会主义理论体系，守正就不能偏离马克思主义、社会主义，但不是刻舟求剑，还要往前发展、与时俱进，否则就是僵化的、陈旧的、过时的。思政课建设长期以来形成的一系列规律性认识和成功经验，为思政课建设守正创新提供了重要基础。有了这些基础和条件，有了我们这支可信、可敬、可靠、乐为、敢为、有为的思政课教师队伍，我们完全有信心有能力把思政课办得越来越好。"中华民族共同体意识进入"教育心理学"课程，守的是马克思中国化的民族理论，中国

特色社会主义之正，创的是教育教学方法和手段的新。近年来随着大数据、移动互联网、人工智能为代表的新一代信息技术的发展，网络信息技术与课程融合越加紧密，传统的课堂教学受到巨大的冲击。高等院校课堂教学在经历了翻转课堂和在线学习平台的教育改革浪潮后，已经向线上线下混合教学发展。混合式教学充分发挥传统课堂教学和在线学习的优势，有效提高了课程教学效果，因而在当前受到广泛的重视。混合式教学以其高度的灵活性，为包括教育心理学课程在内的高校教学改革开辟一条新的道路。

中华民族共同体意识融入“教育心理学”课程教学中可灵活使用适合的平台进行教学，让学生在课堂中既可以听到老师的讲解也可以在学习平台上发表观点，观看相关学习视频，同时也可以提交作业、互评作业等，通过灵活多样的教学方式巩固中华民族共同体意识的教学效果。另外，可以通过网络的社交平台等方式，发布与教育心理学专业相关的中华民族共同体意识元素和故事，充分利用学生课余时间加强学习。现如今，各类网络教学进入教育领域，教师也要充分利用网络直播的优越性，通过课上讲解和网络教学相结合的方式，多渠道结合网络资源，采用线上与线下教学相结合的混合教学模式，加强“教育心理学”课程的思政建设。

例如在一般学习心理这个专题的学习过程中，在有关学习动机主题的学习中融入家国情怀，让学生在学习中不仅树立直接的近景性学习动机，更要树立间接的远景性学习动机，把当前的学习与国家和中华民族的利益联系到一起。

因此，守正创新，主动衔接时代发展需求，推动中华民族共同体意识真正地入脑入心。

参考文献

[1] 张烁. 习近平在全国高校思想政治工作会议上强调：把思

想政治工作贯穿教育教学全过程开创我国高等教育事业发展新局面. 人民日报，2016-12-09.

[2] 谭晓爽. 课程思政的价值内涵与实践路径探析. 思想政治工作研究，2018（4）：44-45.

[3] 李硕. 新文科背景下铸牢中华民族共同体意识的课程思政——基于中国政治制度史“学-研”一体教学模式的应用. 民族学刊，2022，13（4）：103-114，142.

“家庭治疗”混合式课程的教学改革探索

袁晓娇　陈雪蕊

家庭是人类社会的基石，是社会发展的重要推动力量。自党的十八大以来，党中央将人民健康放在优先发展的地位，提出实施健康中国战略，而婚姻家庭是影响个体身心健康与幸福感最重要的因素之一，可见促进家庭的和谐健康发展至关重要。党和政府高度重视家庭发展工作，习近平总书记在不同场合多次提出“要注重家庭、注重家教、注重家风”，指出“家庭是社会的基本细胞，是人生的第一所学校”“要使千千万万个家庭成为国家发展、民族进步、社会和谐的重要基点”。2021年《中华人民共和国家庭教育促进法》（以下简称《促进法》）的出台，更是使得家庭教育从传统“家事”上升为“国事”，推进我国家庭教育指导服务体系建设势在必行。《促进法》规定了国家支持家庭教育的举措，鼓励各相关主体开展家庭教育研究，鼓励高等院校开设家庭教育专业课程，进一步明确了高校在加强家庭教育学科建设及专业人才培养中的责任。通过在校系统化、理论化的学习，帮助学生提高家庭教育知识储备，形成家庭教育能力。

“家庭治疗”是应用心理学专业中家庭相关的重要课程，兼具理论性和实践性。家庭治疗对帮助家庭完成发展适应任务、学会应对问题的技能、以及实现家庭幸福和谐方面有着积极作用。该课程不仅能丰富学生对家庭教育指导相关的知识储备，也能从心理治疗的角度为未来家庭教育的指导者和实践者进行系统性、专业性的培养。研究如何提升“家庭治疗”课程的教学质量，探索如何进行更契合的课程改革，对更好地服务时代与社会需求具有重要意义。

一、“家庭治疗”课程的教学现状与问题

家庭治疗诞生于20世纪50年代，被誉为继精神分析、行为主义、人本疗法后的心理治疗“第四思潮”。家庭治疗以一种全新的视角看待和解决问题，将家庭作为整体，从系统的、动态的视角看待家庭成员的心理问题，通过改变家庭成员围绕症状所展现出来的交往方式，从而达到治疗症状的效果（李彩娜、赵然，2009）。“家庭治疗”课程作为心理治疗课程体系的子课程之一，当前只有部分院校将其纳入培养体系，且多数情况是作为一门选修课程开设，学时数量16到32不等。教学过程、目标要求和教学质量的不统一，都导致了该课程当前的不平衡性（雷腾英、和佳妮，2021）。同时，“家庭治疗”课程作为一门理论和技术性相结合的课程，需要以“咨询心理学”等先修课程为基础，所以一般在高年级开设。

对于当前开设“家庭治疗”的课程，在具体的教学实践中发现存在着以下问题。第一，课程安排重理论轻实践。教师更注重学生对于家庭治疗的相关理论、历史发展以及不同流派原理等的学习，而忽视了专业技能的传授，大篇幅的理论讲解压缩了课堂上模拟体验和技能训练的时间，这也导致学生对该课程的学习仅停留在理论层面，无法应对实操应用过程中的需求。第二，课堂的互动性不足，学生参与性较差。“家庭治疗”相较于其他课程，更注重课堂的实践性和互动性，但传统的教学安排未能使得学生在课堂上进行较好的自我体验和观摩学习，学生对于填鸭式或满堂灌式的理论讲

授也兴致不高，且高年级学生多存在自行复习考研情况，使得学生对该课程的积极性与体验性大大降低。第三，教学内容脱离现实需求，解决实际问题的能力不足。“家庭治疗”作为一门实务类课程，重要的就是知识迁移和实际运用，但由于教学过程中缺少互动体验式和案例分析式教学，学生很难切实地感受技术在情景互动过程中的使用及作用。因此，学习效果多停留在理论层面。另外，由于中国的家庭特征及常出现的家庭问题与西方社会存在着很大差异，这也要求教师在选取案例及技术讲解时要多注意中国化，防止理论与现实严重脱轨。

二、翻转课堂理念与混合式教学模式

翻转课堂是基于现代教育理念产生的一种全新授课模式，指重新调整课堂内外的时间，将学习的决定权从教师转移给学生。在这种教学模式下，学生在课前或课后完成知识学习，课堂内的宝贵时间能专注于共同解决学习过程中的问题，从而获得更深层次的理解。课堂也由传统的教师讲授主阵地转变为师生之间答疑解惑和交流互动的主场所，以其达到更理想的教学效果。翻转课堂教学模式具有多种特征：首先，翻转课堂教学是关键，更是该教学模式的第一要义；其次，学生课前课后的自主学习是基础和前提，翻转课堂是核心环节；最后，教师在教学方法、教学过程和教学方式等方面的改变和创新是根本条件（孟广慧，2022）。随着互联网时代推进，新媒体技术也在快速发展，日新月异的新科技强烈地刺激着旧有教学模式改变。为了适应互联网时代的需要，新的教学理念、课程模式、教学环境等为翻转课堂提供了参考；同时，现代科学技术也为教学活动开展提供了更便捷的条件和选择，如线上线下混合教学、网络授课、云辅导等。

混合式教学是指基于移动通信设备和网络信息技术展开课前、课堂、课后教学活动的教学模式，这种具有创新性和拓展性的信息化教学手段能够更好地激发学生学习的主动性、积极性和创造性，符合现代学生的特征，为教学改革带来新视角（孙渝莉、刘瑞，2022）。不同学者对于混合式教学有着不同的解读，一些学者认为混合式教学只是把线上教学和面对面课堂教学的形式混合，来提高教学效果；另一些学者认为混合式教学是将传统学习方式的优势和数字化学习的优势相结合，进一步发挥教师的主导作用，凸显学生的主体地位。各高校教师也在积极探索将信息技术与教学融合的新途径，“线上＋线下”混合式教学不再局限于仅线上学习线下答疑的方式，而是更多尝试“线上＋线下”在同一课堂中的交互，增添学生的趣味性以及课堂上的互动模式，如“雨课堂”中的实时弹幕、同学互动以及随堂测试等，大大提高了学生的参与性和体验感。

翻转课堂强调在课堂前先完成部分学习，把更多的教学时间留给教师和学生在课堂里进行互动学习活动；混合式教学强调使用互联网科技学习与传统教学融合，将两种或多种学习形式用于教学设计中，可以说翻转课堂是混合式教学的一个实行方向。现在已有不少课程尝试构建将“翻转课堂”和“线上线下”有机结合的新型混合式教学模式（王铁男，2022），改变传统的教育理念和教学模式，将两者优势结合，利用“互联网＋”能更加适应学生的学习习惯，充分激发和调动学生在整个学习过程中的积极性与主动性，提高教学效率的同时也获得了更佳的教学效果（赵子昂，2021）。

三、混合式课程教学模式在“家庭治疗”中的应用

基于将翻转课堂融入混合式教学的综合型教学模式，来进行“家庭治疗”课程教学改革的设计。强调“先学后教”，让学生在

课前完成线上学习包括课程视频、拓展资料预习、课堂讨论准备等理论内容，而将有限的课堂教学时间用于以学生为中心的参与式学习。即线上侧重学生对基础知识的学习，线下重视个人体验技能的练习，并通过线上线下的交互来对课堂内容进行补充。例如利用线下课堂对学生在线上的自学内容进行考核检查，利用线上资源对线下的技能技巧做进一步示范等。

在“家庭治疗”课程教学改革的实践中，具体要达成的课程目标和达成路径包括以下几点。首先，学生对“家庭治疗”相关理论知识的掌握。学生的线上学习包括对课前的视频或资料推送进行自学，提前进行基础知识和理论的学习，对课堂讨论内容作准备，并完成相应的学习任务及测试。自学内容包括下节课的基本概念和原理、某个流派的技术或评估方法及具体案例等，学生先在线上通过自主学习，完成相应的习题与作业，并对不清楚的知识点在“雨课堂”上进行 PPT 标注，线下老师在课堂上会对学生在学习过程中的疑难点进行有针对性的讲解，进一步夯实学生的理论基础。通过这种线上线下的交互，在提高课堂效率的同时，也能让学生更好地参与课堂，带着问题学习，更积极投入课堂互动。其次，让学生熟练掌握并会灵活运用“家庭治疗”的常用技术与技巧。当理论学习的时间更多通过线上的方式放在课前时，线下课堂中就可以留有更多的时间给学生进行个人体验、模拟演练以及案例分析讨论。以个人剖析或者团体练习的方式，让学生直接参与到活动中，结合自己的经历去感受、思考、领悟学习内容，从而使学生在深化认知的基础上，熟悉技能使用，进一步提高实务能力。由于课堂上需要学生亲自参与并感受的内容增多，学生的体验感也会随之更强。最后，让学生更好地理解和接纳自己的家庭。“家庭治疗”不仅是一门心理咨询的技能课，同时也是帮助学生认识和理解自己的家庭，并在一定程度上获得自我疗愈的成长课程。通过在“家庭治疗”的课程教学中创设与家庭相关的情境，让学生重新回到家庭的关系与氛围中，即时性地感受家庭互动方式、沟通模式以及家庭规则等对个体的影响。再次经历过去的事件，可以让学生获得新的感受与领悟，这个过程不仅能激发学生的学习兴趣，也能帮助学生更深刻地领悟教学内容，在学习和提高技能的同时进行自我疗愈。

以“家庭治疗”课程中的家庭分析内容为例。重难点的理论知识讲授放在课前的线上学习部分，由学生自学课程视频，完成作业测试，具体内容包括家庭分析方法及不同沟通姿态的理论讲解等，教师由作业反馈了解学生对该理论知识的掌握情况，并对学生在线上学习中的疑惑与错题进行讲解。线下的课堂教学则主要采取体验式学习的方法，通过雕塑体验等方法加深学生认识了解，以体验式团体形式进行各维度的家庭分析。如先要求学生闭眼感受提到家时自己的感受以及印象最深的画面，利用“雨课堂”匿名投票功能对常见的 8 种感受进行现场投票及结果查看，并对涉及的消极情感进行人际联结和正常化；接着，以团体中小组成员分享的形式，引导学生对父母特质、家庭关系、家庭规则、家庭沟通模式以及家庭对我的影响等内容进行剖析、模拟、体验和反馈。教师在整个过程中进组旁听并及时指导，在小组成员讨论分享完成后，带着学生一起回到班级这个大群体中。总结发现的问题并共同探讨。在课程的最后，教师带领学生进行家庭冥想，具体包括引导放松阶段、走进自己的成长历程、走进父母的成长历程、肯定自我价值与应对、赋能与结束阶段，小组成员间相互感谢并结束。在线下课程结束后，给学生布置线上作业，结合本次学习内容，给自己的原生家庭写一封信，谈谈自己的感受与改变，进一步巩固学生对课堂内容的学习和掌握。在这样的课程安排中达成的教学目标有：第一，学生对家庭剖析的重要维度与内容的知识理解；第二，掌握分析家庭的基本方法与技能；第三，更好地理解与接纳父母和自己的原生家庭，促进自我分化与个人成长。

四、"家庭治疗"混合式课程教学改革的效果

在"家庭治疗"混合式课程教学改革的过程中，发现该教学模式的应用具有以下成效。首先，改变了传统课堂重理论、轻实务的情况。通过将理论知识安排在课前由学生进行自主学习的方式，把课堂主体归还给学生，在帮助学生建构起整体思维和逻辑的基础上，增加技术训练环节，帮助学生熟悉掌握各流派的技术操作和流程，让学生能够真正内化习得的治疗技术并在生活中灵活迁移运用。其次，转变课程教学模式，增加了课堂活力。充分运用翻转课堂的优势，引导师生共同参与教学过程，在课堂上积极交流想法，进行高效互动，不断在多维视角下对理论和技术进行探讨。"雨课堂"在线上线下教学中的使用，如自学过程中的疑难点标记，课堂互动中的弹幕发言等，都让学生的学习过程更加自主自如自由，在课堂上的互动性和参与性不断提高。最后，将体验式和案例分析式教学融入教学体系中，大大加强了学生对实操技能的练习与掌握。把体验式教学引入家庭治疗是由其本身的性质和特点决定的，虽然家庭治疗有着不同流派，但其共同点都放在了解和研究家庭的系统、结构、成员互动及沟通模式等部分，通过体验式教学在"家庭治疗"课程中的应用，可以帮助学生在体验中学习和领悟，不仅能收获理论知识和实操技能，同时也能获得身心成长和疗愈，进而实现课程的教学目标；通过在课堂教学中运用案例进行剖析，进而切实地指导学生如何在实操中使用各种技术，提高学生的咨询应用能力；与此同时，通过在团体中进行小组分享、反馈和支持的方式，帮助学生感受更真实、更生活化的事件及经历，有助于学生更好理解和体验的同时，也能促进知识从理论到现实中的有效迁移。学生

对于此次教学改革尝试的情况总体评价较好，尤其对于课堂中侧重讨论、体验、练习的部分，会感觉有更多的学习收获和参与体验。

五、不足与展望

课程的教学改革基本达到了预期目标，但也存在一些问题，有待进一步建设与完善。一是目前“家庭治疗”课程的在线课程资源还十分稀缺，尚无完整的在线课程体系，缺乏可直接应用的一流课程。从不同来源节选的课程视频在用于该课程整体的教学内容设计时，略显层次不清、重点不够突出，未来可以进一步根据课程需要录制和完善课程视频。二是学生在接受家庭治疗理论和技术的学习动机不一致，很难对学习内容进行统一要求。比如在线上引入的案例实录一般时间较长，对于感兴趣的同学来说，他们愿意花费较多时间在线上完成自学，提前建立框架并在课堂中对于理论和技术过程进行讨论；但对于其他同学，往往会表现为内生动力不足，对过长时间的课前学习感觉压力较大。因此，未来针对课堂上不同动机的学生进行分层教学设计，能够更好地满足不同学生需求，提高整体教学效果。

参考文献

[1] 雷腾英，和佳妮.“家庭治疗”课程教学的现实困境与突破.科教导刊，2021（27）：127-129.

[2] 李彩娜，赵然.家庭治疗.北京：中国轻工业出版社，2009.

[3] 孟广慧.论翻转课堂教学模式及存在问题与解决对策.天津电大学报，2022，26（2）：43-47.

[4] 孙渝莉，刘瑞.国内高校混合式教学研究综述.重庆交通大学学报（社会科学版），2022，22（4）：96-103.

[5] 王铁男 .“线上线下 + 翻转课堂”混合式教学模式研究——以企业战略管理课程为例 . 高教学刊，2022，8（28）：114–117.

[6] 杨力 . 高校混合式教学质量影响因素分析及对策 . 教育教学论坛，2021（13）：123–126.

[7] 赵子昂 . 基于翻转课堂的“以学生为中心”混合式教学探索 . 教育教学论坛，2021（21）：165–168.

“犯罪心理学”课堂教学的“三结合”混合式教学模式初探①

郑春

一、问题提出

犯罪心理学是运用心理学的基本原理，研究犯罪主体的心理和行为及犯罪对策中的心理学问题的一门学科。犯罪心理学是应用心理学的一个分支，具有很强的应用价值，其研究目标始终指向预防犯罪、预测犯罪、揭露犯罪、矫正犯罪。应用价值虽然是犯罪心理学的低阶价值，却是其高阶价值的落地和体现，是犯罪心理学服务于刑事司法实践的技术体现。例如，其中的犯罪心理测试技术和罪犯心理矫治技术都是比较成熟的实战技术。

“犯罪心理学”课程作为应用心理学专业课，非常强调实践技能。但是传统的“犯罪心理学”课程由于资源和课时限制，将教学重心集中在犯罪心理学理论上，对实践内容设置不够。因此我们做了教学改革的初步探索，目标是培养既具有中华民族共同体意识、科学精神、人文素养和社会责任感，又具备扎实的犯罪心

① 依托项目：西南民族大学“犯罪心理学”一流本科课程建设项目，西南民族大学“犯罪心理学”课程思政建设项目。

理学理论知识和实战技能，“精方法、懂技术、擅实战”的心理学应用型人才。

二、“三结合”混合教学模式

犯罪心理学涉及的实战能力很多，例如，犯罪心理预测预防能力、犯罪心理分析能力、心理讯问能力、心理沟通能力、心理调适能力等。其中犯罪心理测试和罪犯心理矫治是技术比较成熟、应用较为广泛的实战技术。课程既强调学生对犯罪心理理论知识的掌握，又重视学生对犯罪心理专业实战技能的训练，特别是犯罪心理测试技术和犯罪心理矫治技术。

在教学过程中坚持理论与实战相结合，通过多元化的教学方法，强化学生在教学中的中心地位，创设了校内校外相结合、线上线下相结合、课内课外相结合的三结合模式。

（一）校内校外相结合

一方面，校内主讲教师负责课堂教学，主讲基础理论，促使学生形成犯罪心理学知识体系。强化学生将犯罪心理学新知识与已经学习过的心理学基础课程相联系，构建和完善新的学科体系。

另一方面，邀请运用犯罪心理学原理和技术参与刑事司法实践一线工作的刑警参与“犯罪心理学”课程的教学。校外刑警参与课堂教学，负责真实案例展示、实战技术演示、线上技术指导，在介绍真实案例的基础上，详细演示真实案件侦破过程中，犯罪心理画像技术和犯罪心理测试技术的实操，课后对学生实战技术练习进行线上指导。

（二）线上线下相结合

首先，借助中国大学MOOC平台上的国家精品课程“犯罪心理学”帮助学生建立知识体系。学生学习线上视频课后，带着问题进入课堂，通过课堂提问、讨论、案例分析等环节，进一步深化对理论知识的理解。

其次，借力刑警教师的线上指导。由于刑警教师的工作性质，参与课堂教学的课时有限，学生可以通过智慧教学平台接受刑警教师的线上指导。充分利用刑警教师的专业资源，给予针对实战技能练习结果的反馈。

再次，鼓励学生在超星学习通平台研讨典型案例。打破时间、空间限制，形成全方位、便利的学习环境。弥补了由于课堂时间限制和形式限制，只有少数学生参与表达的不足，给绝大多数学生提供发表观点的平台和机会。

最后，智慧教学工具与课堂教学的深度融合。在课堂教学中使用智慧教学工具激发学生参与课堂学习的兴趣和动力。充分利用智慧教学工具中的签到、选人、抢答、讨论等功能，在课堂教学中给予学生公平的表达机会，客观记录学生的参与情况，并为学习效果评价提供数据。

（三）课内课外相结合

实战技术的熟练掌握需要大量练习，学生完成线上学习和课堂学习后，还要在课外练习使用生物反馈仪、脑电仪用于模拟犯罪心理测试，练习心理咨询技术模拟犯罪心理矫治。课外指导教师对学生进行线上线下指导。课程要求不限制学生课外练习的时间，只对学生的练习效果进行考核。将学习的决定权转移给学生，突出以学生为中心的教学理念。既调动了学生的主观能动性，又体现了因材施教。

练习过程中，由于犯罪心理测试技术和罪犯心理矫治技术的特殊性，学生自发组成学习小组，互为主试和被试。实现了边学边做，在做中学，不断提升专业实战能力，真正实现精方法、懂技术、擅实战。

三、“三结合”的课堂教学设计

“三结合”模式具体体现在针对理论知识和实战技能进行不同的教学设计（见图1）。

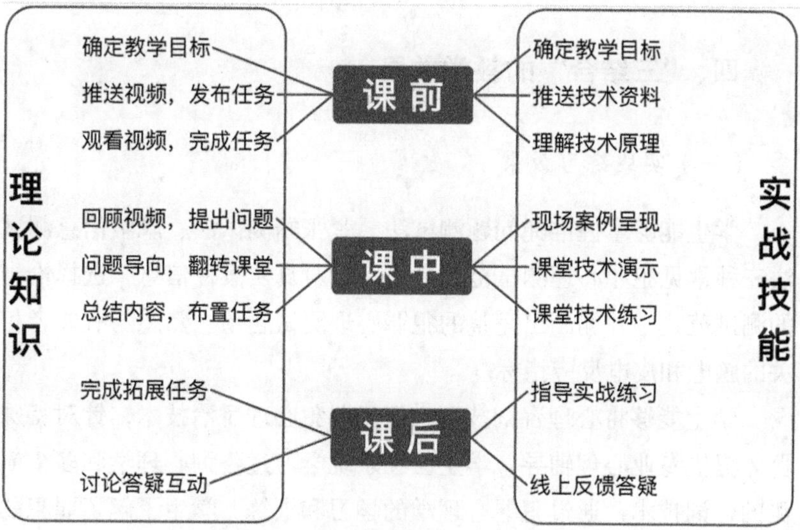

图1 “犯罪心理学”教学设计

针对理论知识，课前主讲教师确定教学目标，设计教学环节；推送教学视频，发布学习任务；学生观看视频，完成课前任务。课中主讲教师与学生共同回顾视频内容，提出学习问题；以问题为导向，进行翻转教学；最后教师总结教学内容，布置拓展和巩固任务。课后学生完成拓展和巩固任务，师生或学生间讨论学习内容。

针对实战技能，课前主讲教师确定教学目标；推送实战技术资料；学生学习资料，了解技术的基本原理。课中刑警教师现场呈现案例；针对真实案例进行技术演示；学生当堂进行关键技术碎片练习。课后在教师指导下反复进行实战练习；刑警教师线上反馈练习效果并答疑。

通过以上教学设计，实现“犯罪心理学”课程教学中线上精品课资源 + 线上刑警教师研讨 + 线下翻转课堂 + 线下刑警教师讲学 + 线下实战操作指导相融合。

四、“三结合”的教学效果

（一）实战练习效果

学生能够掌握准绳问题测试法、紧张峰测试法、隐蔽信息测试法三种常见犯罪心理测试范式，可以针对真实案件信息，选择恰当的测试范式，并编制出完整的犯罪心理测试题项。熟悉与有罪者相关的脑电和皮电反应指标。

学生能够将心理咨询技巧融汇于罪犯心理矫治技术，针对特殊群体提供专业心理辅导。学生已经系统学习过咨询心理学和多个流派的咨询技术，通过犯罪心理学的学习和训练，学生了解了罪犯的心理和行为的特殊性，可以实现对罪犯进行心理和行为矫治。

（二）课堂教学效果

犯罪心理学是心理学和犯罪学的交叉学科，很适合采用线上线下多资源、校内校外教师联合授课和指导，避免由于教师的单一学缘，导致学生对犯罪心理学理解片面和偏差。课程突破了教师和警察的职业界限，采用了理论与实战结合的校内外双师团队，确保课程内容精准、时效性强，实现合理分工，贡献最大化。

以上教学设计和方法，明显激发了学生的学习兴趣，促进了学生学习的积极性和主动性。统计显示，学生签到率达到 92.7%，每节课参与抢答的平均人数为 25.7，每次作业完成率不低于 96%，作业平均分不低于 97.4。学生对教学效果的反映很好，特别强调了欢迎线上线下的混合式教学模式，喜欢刑警讲学的教学方式。

（三）课程思政效果

《高等学校课程思政建设指导纲要》指出，要全面推进课程思政建设，落实立德树人根本任务，必须将价值塑造、知识传授和能力培养三者融为一体。“犯罪心理学”课程教学改革结合了课程思政。首先，由于学科性质和内容，在教学中强调了法治教育和安全教育；其次，通过线上教学和课外练习等环节，将学习的决定权转移给学生，突出以学生为中心的教学理念，在教学中强调了专业使命感和社会责任感；最后，通过疑难案件、重大案件侦破过程的细致讲解，通过刑警教师对其工作中接触案件及工作逻辑的分析，充分体现我国依法治国的现实成效，润物无声地激发学生的“四个自信”。

五、讨论与总结

应用心理学专业学生学习过普通心理学、发展心理学、人格心理学、咨询心理学、实验心理学等前导课程后，掌握了心理学基础理论知识，具备分析和解决问题的能力，具备心理实验和心理咨询等实操能力。但是无法将心理学理论知识和实操能力用于犯罪心理学领域。因此，我们制订了“犯罪心理学”课程教学的知识目标（掌握犯罪心理学理论知识）、能力目标（即具备运用犯罪心理学理论知识和实战技能解决实际犯罪问题的能力），特别突出“精方法、懂技术、擅实战”的行动目标。

“犯罪心理学”课程教学改革中充分利用中国大学 MOOC 的国家精品在线课程、超星学习通智慧教学平台、线下教学课堂、心理学实验室形成了四位一体的教学环境，创设了校内校外相结合、线上线下相结合、课内课外相结合的三结合模式。为“精方法、懂技术、擅实战”的突出教学目标奠定了基础。

课程着力使学生在学习中产生解决犯罪心理学相关问题的兴趣；为学生解决犯罪心理学相关实际问题提供了理论知识和真实素材；使学生练就了解决犯罪心理学相关实际问题的技能，提升了学生的专业自信，拓展了学生的就业前景。有效支撑了课程目标达成，有效提升了学生的实践能力。引导和培养学生拥护中国共产党领导，拥护社会主义制度，立志为中国特色社会主义事业奋斗终生，成为社会主义建设者和接班人。

参考文献

[1] 罗大华，何为民．犯罪心理学．北京：中国政法大学出版社，2016.

[2] 刘建清．论犯罪心理学的价值范畴及其方法论．河南司法警官职业学院学报，2008（1）：30–35.

[3] 王勇鹏．培养五种能力．突出实战特色——对公安院校招录培养体制改革下的“犯罪心理学”实践教学改革的一点思考．湖南公安高等专科学校学报，2010，22（1）：144–146，152.

[4] 欧阳艳文．新时期犯罪心理学教学改革的思考．企业研究，2013（14）：177–178.

［5］余军，杜佳燕，杨丹．犯罪心理测试技术在疑难案件侦破中的作用．广西警察学院学报，2017，30（6）：98–102.

［6］刘建清．当代犯罪心理测试技术评析．公安学刊（浙江警察学院学报），2020（5）：29–35.

［7］赖华盛．三种心理学理论在罪犯心理矫治中的应用．犯罪与改造研究，2021（6）：49–54.

［8］赵宏，张传利，何云芬．曼陀罗心灵动力棋疗法在罪犯心理矫治中的运用．中国监狱学刊，2022，37（1）：92–100.

［9］教育部．高等学校课程思政建设指导纲要．http://www.gov.cn/zhengce/zhengceku/2020-06/06/content_5517606.htm.

“爱情心理学”课程“1+3+N”教学创新模式①

张晨光

教育部对十三届全国人大五次会议第7074号建议（《关于在高等学校开设家庭家教家风必修课的建议》）的答复中提到：“下一步工作考虑……强化高校通识教育课程建设……加强恋爱心理教育、家庭伦理教育，提升学生表达、沟通和交往能力，引导学生树立正确的爱情观、婚恋观、家庭观，教育学生深刻领悟‘家庭是国家发展、民族进步、社会和谐的重要基点’的重大意义。”

西南民族大学对于大学生恋爱心理的重视由来已久，2011年就已经开设了“爱情心理学”通识课程，这在当时国内高校课程之中乃是具有突破意义的大胆尝试。回应前述之教育部答复，继续加强“爱情心理学”的课程建设，创新教学模式，乃势在必行之举。本文即对“爱情心理学”通识选修课程的建设、教学创新、模式探索等经验与初步获得之成果做简要介绍，为推动大学生情感教育类通识课程的建设提供必要的经验与理论支撑。

① 依托项目：西南民族大学“爱情心理学”校级在线精品课程建设项目。

一、课程教学创新历程

通识选修课程“爱情心理学”，自2011年在西南民族大学开设，开国内高校爱情、婚恋类通识课程之先河。课程开设之初，可谓“一穷二白”，面临“三无”境地——无教材、无成熟课程架构、无前人经验。十余年来，该课程负责人筚路蓝缕，以“1+3+N模式”在课程教学的方方面面进行教学创新的尝试与检验，经历了“从无到有”“从少到多”“从粗到精”的课程发展历程，终于将该课程建设成为一门粗具规模、在校内乃至于社会上颇有影响力的课程。关于该课程在“课程内容的重构”“教学方法的创新”“教学环境的创设”“教学评价的改革”等四个教学创新路径方面所取得的阶段性成果，下图会以时间顺序略作呈现；涉及四个教学创新路径与成果的具体情况，后文会做详细介绍。

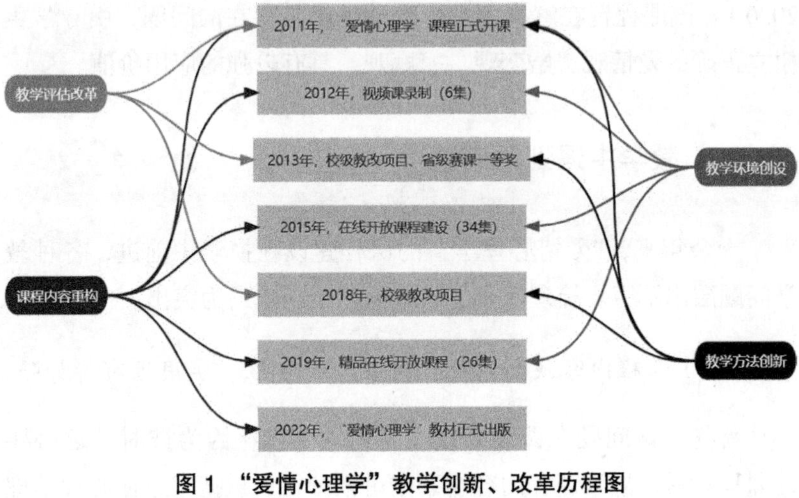

图1 “爱情心理学”教学创新、改革历程图

当下我国处于社会转型期，大学生恋爱观呈现恋爱态度轻率、不重视恋爱结果等特点，性观念比较开放，频现大学生在公共场所不雅行为，且恋爱呈现出功利性的趋势，将恋爱观建立在对方家庭背景和经济条件的基础之上（陈群，2017）。2017 年郭伟杰等调查显示，大学生对恋爱的疑惑集中在恋爱过程中的相处和感情经营，其次是恋爱前的爱情的表达与判断，择偶与求偶，相比之下，失恋问题较少被提及。大学生面临的恋爱心理问题纷繁复杂，主要体现在以下四个方面：第一，恋爱动机失真。大学生恋爱动机失真主要体现在从众效应、贪慕虚荣、功利心态上（郭坤、王焕玲，2009；尹涛，2020；闵娟娟，2021）。第二，恋爱态度失衡。大学生恋爱态度失衡体现在将大量时间经历花在恋爱中，无法处理好恋爱同学业、集体、道德的关系（刘凯、杨勤，2011；尹涛，2020）。第三，恋爱行为失当。大学生恋爱行为失当主要表现在恋爱投入透支、情感表示浮夸、报复行为极端上。第四，恋爱道德失范。大学生恋爱道德失范集中体现在恋爱道德庸俗化、恋爱目的功利化上（尹涛，2020）。该课程旨在解决大学生恋爱困惑与存在的问题，引导学生树立正确的爱情观、婚恋观、家庭观，具有较强的应用价值。

二、教学中遇到的问题

十余年来，“爱情心理学”的课程建设在摸索中前进，各种教学问题层出不穷。梳理起来，以下面三个问题最为突出。

（一）课程内容缺乏系统化框架，科学性、实用性有待加强

首先，该问题在课程开设之初尤为突出，因为彼时缺乏必要的课程教材，故该课程内容均系主讲教师在大量搜集过往心理学理论、研究成果、科普读物等的基础上根据经验汇集而来，其知识与

理论的选择缺乏完整、统一的理论依据，课程内容的系统性不强；其次，在课程开设前教师没有对当前大学生在婚恋、爱情领域的心理需求与知识需求进行了解，故而该课程内容在需求导向方面有所缺失；最后，由于参考资料繁琐且庞杂，很多涉及国外著作与研究成果，所以该课程在内容选择时系直接参考二手文献，对个别理论或研究成果的真实性、科学性的论证不足。

（二）部分西方爱情心理学理论对学生婚恋观的潜在负面影响

虽然西方心理学的理论建构与研究进展早于我国，但在将西方主流心理学理论引入课程时，要十分谨慎地审视西方理论在东方文化脉络下的“文化适应性”，决不可“盲从”西方理论背后所蕴含的西方价值观。在目前有关爱情的心理学理论中，影响力最大的是依恋理论（Attachment Theory）。目前关于依恋理论的文化适应性，研究者们各执一词。但不得不承认，该理论的归因逻辑单一、线性。依恋理论将适应不良的依恋风格归咎于早年的父母教养，尤其是母婴关系。这种归因逻辑过于强调原生家庭（父母）的负面影响，以致某些社交媒体中流传一种“父母皆祸害”的说法。加之，西方主流心理学理论来源于其个人主义的价值脉络，不少观点过于强调“为自己而活”，而忽视生活于社会之中的人的社会责任。这些理论所隐含的价值观对于当前我国青年的婚恋观具有负面影响，使其难以直面自己在婚恋生活中的问题，进而有可能选择回避问题，不但降低其组建家庭、生儿育女的愿望，而且可能影响其恋爱的愿望，即所谓大学生不憧憬恋爱的现象。

（三）选课人数众多，个别学生课堂参与度、积极性不足

鉴于“爱情”主题的吸引力，每次开设课程时选课人数都超过教务处所限制教学人数，个别学期甚至超过 100 人。课堂中学生

人数众多，教学运行以及课堂管理的难度和挑战便大幅度增加。其中，最为明显的问题是个别学生的课堂参与度与积极性不足。虽然是自愿选择的选修课，但也不排除一些学生是“奔着”学分而来；而现在手机使用的普及化，无形中造成了一种课堂教师与手机网络竞争学生注意力的局面。在保证教学正常运行的同时，采用更为有效的教学方法与手段，尽力吸引更多学生的注意力和参与度，实现课堂教学的“雨露均沾”，是各类课程课堂教学所面临的越来越严峻的课题。

三、教学创新的实施

（一）总体设计

为应对各种教学中遇到的问题，尤其是前述之 3 个突出问题，“爱情心理学”课程在吸取教育教学改革的相关理论与过往教学实践经验的基础上，借鉴相关课程的教学创新模式，提出“1+3+N 模式”，并将其作为该课程教学创新、教学改色的指导思想。

“1+3+N 模式”，如图 2 所示，即 1 个教学理念、3 个教学目标与 N 种教学方法。所谓“1 个理念”，是指以所有学生的身心成长为教育教学的最终依归，这里的“成长”不仅仅是学科知识与技能的成长，还包括心智的成长（妥善应对爱情关系中各类问题的能力）与价值观（婚恋观）的成长。“1 个理念”强调的是教学主体——学生，作为大学生，建立亲密关系是其该阶段的人生课题，爱情或恋爱相关的理论知识与情感能力，是其心之所向。此外，大学生的价值观仍处于探索与建立的阶段，他们在学校教育体系中形塑其积极、健康价值观的同时，也受到网络媒体中各种观点的影响。

"3个目标"，该课程期望通过教学过程可以让学生了解爱情心理学的相关理论知识与研究成果，掌握在亲密关系中应对各种问题的情感技能与能力，并在前述两个目标的基础上树立积极、健康的爱情观、婚姻观与家庭观。"3个目标"更多地聚焦于教学客体上面，是该课程的着力点所在。

"N种方法"，是贯彻1个理念、实现3个目标的具体方法，包括PBL（问题式教学）、CBL（案例式教学）、TBL（小组合作学习）、EXL（体验式学习）等各种教学模式与方法。"N"，即保持教学方法的开放性，随时吸纳更为先进、有效的教学方法，创新性地完善教学过程。其中，PBL（问题式教学）是以增强问题意识和发现、分析、解决问题能力为目的的教学模式或类型，或者是具有以增强问题意识和发现、分析、解决问题能力为价值追求与具有本质联系的教学目的、过程和方式构成的研究性教学；CBL（案例式教学）是在教师指导下，通过学生对案例的分析、研究和讨论，就案例中包含的中心问题做出判断和决策，从而提高学生思考、分析和解决问题能力的一种教学活动过程；TBL（小组合作学习）是以合作学习小组为基本形式，系统利用教学中动态因素之间的互

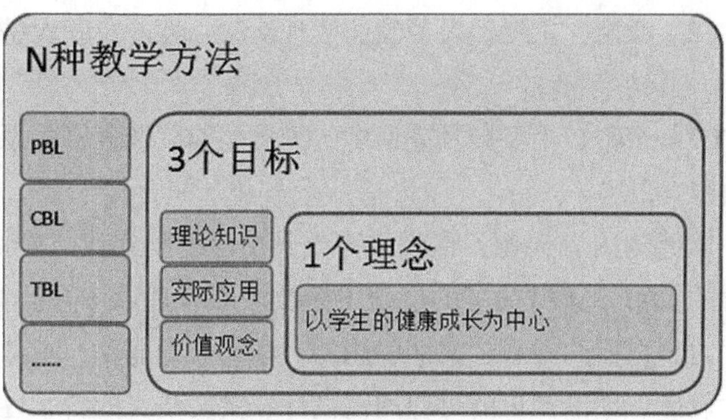

图2 "爱情心理学"教学的"1+3+N模式"

动，促进学生的学习，以团体的成绩为评价标准，共同达成教学目标的教学活动；EXL（体验式学习）是指人们在以往体验和知识的基础上，通过对自己的经历或事物的观察有意识或无意识的内在化中获得的洞察，而这种内化建立在人们过去的体验或知识的基础之上。

（二）主要举措

基于前述之教学创新设计思想，“爱情心理学”课程的创新举措将分为“课程内容的重构”“教学方法的创新”“教学环境的创设”“教学评价的改革”四个面向进行阐述。

1. 课程内容的重构

为解决前述教学中遇到的第一个问题（课程内容缺乏系统化框架，科学性、实用性有待加强），课程主讲教师对当前国内外爱情心理相关研究成果进行梳理，采纳真实、科学、有效的理论知识与实践方法，在爱情三角形理论构架的基础上完成了课程体系的构建。体系主要包括以下三方面的内容：

（1）承诺，主要涉及爱情的进化心理机制、爱情的经济学解读等部分内容；

（2）激情，主要涉及爱情的生理检验、性的自我保护等部分内容；

（3）亲密，主要涉及爱情中的男女差异以及亲密关系维持等部分内容。

以此为内容架构，课程主讲教师历时 3 年完成《爱情心理学》教材的撰写。教材撰写的过程中涉及对原有理论体系的重新审视、课程内容选择的考证、案例引用的科学化与专业化、章节内容的创新性设计、理论知识的可应用性设计、撰文语言的科学性与通俗性平衡等各方面的内容，此不赘述。

为解决前述教学中遇到的第二个问题（部分西方爱情心理学理论对学生婚恋观的潜在负面影响），该课程的教材内容选择和课堂内容呈现，特增加对西方心理学理论中偏重个人主义的部分进行批判性介绍，同时补足西方理论中强调社会兴趣、社会责任的理论，还通过介绍美国心理学家弗洛姆（E.Fromm）的心理学、中国传统爱情、家庭观念等涉及树立健康婚恋观的内容。

2. 教学方法的创新

为解决前述教学中遇到的第三个问题（选课人数众多，个别学生课堂参与度、积极性不足），该课程不断吸纳先进的教学模式与方法，在课堂知识讲授中采用问题式教学、案例式教学等方法，让爱情心理学相关理论知识与日下热门的、流行的爱情心理现象、学生日常生活中常见的爱情心理问题相关联，提升课程的吸引力提高学生课堂的投入度。

鉴于爱情心理的相关线上课程与短视频平台的相关内容不断涌现，为了与网络各类资源、短视频等竞争学生的注意力，体现线下课程的优势，该课程特采用体验式学习的模式，通过课堂上组织的爱情心理相关的活动，让学生对于相关理论与情感技能有更为直观、深刻的体验，这种体验感与体验所获得的心得，是观看一些网络视频所无法获得的。

此外，为解决部分学生参与度低的问题，课程采用小组学习模式，学生分组并自愿选择小组任务（资料阅读、街头采访、社会调查、情景表演、活动组织等），并在正式课程前分组汇总展示。通过这种“包产到户”的做法，可以大幅度提升个别学生在课程中的参与度。

3. 教学环境的创设

前面几次提到，当代教师在某种意义上是在与各类网络媒体或资源相竞争，但是，在社交媒体或网络中流传的爱情相关视频或课程资源不能完全保证其专业性和有效性。因此，为避免学生因接收信息的舛误而造成“信息源性心理问题”，该课程主讲教师先后3次承担在线课程的建设项目，录制爱情心理学在线课程40集，爱情心理学微课26集。

此外，通过在线精品课程建设所形成的视频课、微课，也拓展了目前线下课程的教学环境。一方面，《爱情心理学》教材配套的视频课程或微课可以为学生提供更为方便、灵活的线上学习资源；另一方面，该课程配套的视频课与微课已经上传各类课程平台，也可以为非本科学生或者社会民众学习爱情心理学提供可能。

4. 教学评价的改革

在教学评价方面，该课程一直在尝试适当降低期末考试的成绩占比，通过学生分组式学习和课堂汇报的形式将考试分散于课程运行的过程之中。可惜的是，限于目前教学管理的相关规定，该课程还在延续期末考试的形式。然而就十余年来的教学经验来看，闭卷或开卷考试的形式，在验收教学成效与提升学生课程参与度方面的作用有限。有鉴于此，建议教学管理相关部门改变对于教学工作的一些硬性规定，不要拘泥于过往课程考察所常用的论文或考试等传统形式，而是鼓励更多占比的过程性评价，鼓励教师针对教学目标的达成开发更为科学、有效的评估手段。

四、阶段性教学成效

虽然该课程在教学评价的创新改革方面不够完善，但在前述之“1+3+N”教学创新模式的指导下，通过一系列教学创新举措，“爱情心理学”课程自开设以来还是取得了可观的教学成效。

（一）学生评价

自开设以来，"爱情心理学"课程所获得之学生评价均位居全校课程之前列。为使读者对该课程之学生评价具有直观了解，以下呈现两位学生的课程评价。

"在这门课程中，老师以丰富多样的案例进行讲解，使得枯燥的理论知识通俗易懂，更加让人接受。我从这些案例和理论中学到：语言表达和情绪感受在伴侣中的重要性；成熟爱情的特征是给予、关心、责任、尊重、了解；能够坦然地面对拒绝和接受等。很幸运能够上'爱情心理学'这门课，它使我明白了这门人生必修课的重要性，建构了我的理论知识，促使我探索我的爱情观。"

"'爱情心理学'这门课的内容十分有趣，涉及了很多之前碍口识羞但其实非常有必要去了解的知识，而且老师诙谐幽默，课堂氛围很好。这门课让我从生理层面上更客观地认识到了男女之间不可改变的差异。学习过程中老师融入了很多生活中非常常见的例子带领我们直面两性交往中的矛盾并分析这些矛盾背后所反映的由性别差异引起的原因，这让我懂得了一些两性相处技巧，学会以对方的视角去思考问题而更好地化解甚至避免矛盾，也让我学会了更加理性地看待恋爱问题，对于'爱情'这样一个人生必修课有了比以往更客观、成熟、理性、透彻的认识。"

（二）教材

经过 3 年的精心撰写，该课程主讲教师独立撰写的《爱情心理学》在 2022 年 1 月出版，受到读者的欢迎，半年内第二次印刷。

（三）视频课与微课

通过承担学校发布的在线精品课程建设的项目，该课程已经完成配套的视频课 40 集，微课 26 集，全部课程上传"腾讯精品课”“学银在线”与“国家智慧教育公共服务平台”。

（四）教学奖励

“爱情心理学”主讲教师，先后获得西南民族大学授课技能比赛二等奖、四川省高校心理健康教育课程比赛一等奖；并且凭借在大学生心理健康教育课程中有关恋爱心理部分的贡献，先后荣获西南民族大学教学成果奖一等奖两次、四川省高等教育优秀教学成果二等奖 1 次，国家民委教学成果奖一等奖 1 次。

五、结语

综上，“爱情心理学”课程在“1+3+N”教学创新模式的指导下，聚焦教学实践的真实问题，通过课程内容的重构、教学方法的创新、教学环境的创设、教学评价的改革等举措，不断成长为在校内外具有一定影响力的通识课程。然而面对当前不断变化的社会现实，该课程仍需继续探索“1+3+N”教学创新模式下的教学方法与手段，尤其需要着力拓展该课程在社会上的影响力，真正实现高校的四大职能之一——代表社会先进文化的社会服务功能。

参考文献

［1］教育部．对十三届全国人大五次会议第 7074 号建议的答复.2022-08-13［2022-10-13］. http://m.moe.gov.cn/jyb_xxgk/xxgk_jyta/jyta_gaojiaosi/202209/t20220923_664161.html.

［2］张晨光，蒋柯．走出“依恋”迷信——依恋理论的文化适应性．大众心理学，2019（2）：42-43.

［3］孙敏．埃里克森与心理社会发展阶段．大众心理学，2010（8）：47-48.

[4] Sternberg, Robert J. A Triangular Theory of Love. Psychological Review, 1986, 93(2).

[5][美]沙伦·布雷姆，等.亲密关系.郭辉，肖斌，译.北京：人民邮电出版社，2005.

[6]刘儒德.问题式学习：一条集中体现建构主义思想的教学改革思路.教育理论与实践，2001（5）：53–56.

[7]郭坤，王焕玲.大学生恋爱的常见问题与教育对策.世纪桥，2009（13）：105，111.

[8]刘凯，杨勤.大学生恋爱的问题及对策.教育理论与实践，2011，31（6）：39–40.

[9]邢以群，鲁柏祥，施杰，等.以学生为主体的体验式教学模式探索——从知识到智慧.高等工程教育研究，2016（05）：122–128.

[10]陈群.社会转型期大学生恋爱观问题研究.宿州教育学院学报，2017，20（5）：185–186.

[11]闵娟娟.浅谈新时代大学生恋爱心理问题及对策.现代职业教育，2021（36）：162–163.

大健康背景下“危机干预”课程的整合式教学实践①

钱敏

自党的十八大召开以后，国家实施“健康中国”战略，倡导将健康融入所有政策，倡导树立以人民健康为中心，关注生命全周期、健康全过程，共建共享健康中国的大健康观念。在 2016 年 11 月，国家卫生计生委、中宣部和教育部等十个部门，依据《“健康中国 2030”规划纲要》和《“十三五”卫生与健康规划》等条文，联合制定《关于加强健康促进与教育的指导意见》，明确提出“加强健康促进与教育，提高人民健康素养，是提高全民健康水平最根本、最经济、最有效的措施之一”“高度重视心理健康问题”“加强心理健康专业人才培养”等与高校心理健康促进与心理健康课程建设相关的内容。教育部在 2021 年全国教育大会上，明确提出“‘十四五’时期，我国教育进入高质量发展阶段”“新时代坚持和发展中国特色社会主义，全面贯彻党的教育方针，落实立德树人根本任务，这是对教育的政治需求”“加强创新型、应用型、技能型等各类人才培养”。近年来，在日常生活中，人们日渐重视心理健康，努力学习心理健康科普知识，关注自身心理健康素养的提升；在疫情、地震、恐怖事件等种种天灾人祸事件中，人们更是需要专

① 依托项目：2022—2023 年度教育教学改革项目实验实践教学类“OBE 理念下应用心理学专业实践课程教学改革”。

业人员开展心理援助和心理危机干预工作。因此，建设以大健康理念指导的应用心理学专业本科生专业选修课程，对于传播心理健康知识，提升全民心理健康素养，培养新时代心理学人才意义重大。本文拟从以整合式教学理念引领危机干预课程实践的角度，对教学实践如何实现培养学生系统论思维和促进学生知行合一等教学功能进行探讨，以期进一步完善大健康背景下整合式教学模式在“危机干预”课程中的应用。

一、危机干预课程需要整合式教学模式

原子论教学更多受唯理论哲学的影响，在教学过程中注重学生的系统性，并将内容按章节、主题、概念进行分解式讲解，教学效果方面是注重学生对学习科目知识的系统性了解。经验论教学的哲学来源是经验主义，不太注重知识学习的系统性，注重学生通过发挥主体性而实现对经验的积累和重组。从知与行的角度来看，原子论教学重知，经验论教学重行。整合式教学突出唯物辩证法的整体性思维，强调知行合一。

危机干预课程需要培养既有危机干预整体性知识框架，又有具体知识操作经验的学生。危机干预课程采用单一的原子论教学或单一的经验论教学都会导致学生出现有失全面的现象，故而危机干预课程教学需要整合式教学方式（林建，2022），以实现既能培养学生系统性思维又能促进学生知行合一的教育功能。

二、危机干预课程整合式教学的教学实践

危机干预课程教学由教师教授和学生自主课堂两种形式的课堂教学形式组成。教师教授的教学中，老师将危机干预内容按章节进

行分解式讲解，以帮助学生了解和掌握危机干预整体性知识框架。学生自主课堂教学促进学生在发挥主体性的过程中实现对危机干预知识、技能和经验的积累、重组、理解和应用，其学时约占到危机干预课程总学时的一半，教学过程由以下3部分组成：一是由学生以小组为单位选择主题进行备课和教学；二是同学们参与学习并提问与反馈学习信息、教学小组回答问题；三是教师最后在知识系统性、操作规范性和满足被干预者心理需要等方面进行点评和提升。危机干预课程注重借由整合式教学引领教学实践中的各个环节来实现既培养学生系统论思维又促进学生知行合一的教育功能。

（一）实现培养学生系统论思维功能的教学实践

整合式教学实践过程中，教师在设定教学目标、选取教材、安排教学内容和提高教师素养等方面都很注重适合学生学情和知识系统性，以此来培养学生系统论思维。

学生是来自民族高校应用心理学专业大学三年级的学生。他们在读大学期间，经常学习和践行铸牢中华民族共同体意识，爱国，爱党，学习态度端正，学习动机有学分积累、学习知识和提高助人技能等。他们在选修危机干预这门课之前，都已经学习过普通心理学、发展心理学、人格心理学、异常心理学、咨询心理学等课程，还或多或少地选修过精神分析、认知行为和人本主义等学派的心理咨询理论与实务的课程。但他们始终是本科生，接触心理健康教育和心理干预工作的时数很少，缺乏心理干预工作的实战经验。对出现心理危机的个体，是需要有丰富的心理危机实战干预经验的个体来完成。结合国情和学生学情，危机干预课程的教学目标设定为培养以人民健康为中心和担当中华民族复兴大任的时代新人。课程教学过程中立足于危机干预整体框架性知识，使用教师讲授、小组合作练习、学生小组自主课堂、暖身活动、案例分析、讨论、视频/

音频演示、角色扮演等多元教学方法，促进学生对于危机干预系统性思维培养和知识合一。

在整合式教学中教材很重要。在选取教材时，注重以与时俱进和系统性知识为选取标准。新冠疫情前的教材是由施剑习和骆宏主编的《心理危机干预实用指导手册（第一版）》，该书由浙江宁波出版社于2016年6月出版，其内容包括心理危机干预基础知识与理论技术和心理危机干预案例精选两大部分。心理危机干预基础知识与理论技术包括心理危机与危机干预概念、心理危机的应激反应、心理危机现场评估、心理危机干预的理论与技术、心理危机干预的组织与实施和创伤后成长及焦点解决疗法实践应用等内容。心理危机干预案例涉及同事牺牲后的危机干预处置、网络在线自杀干预案例、失恋后自杀干预案例、电梯"吃人"事件危机干预案例、丈夫自杀死亡后妻子的心理危机干预、泥石流灾害后心理危机干预案例、疑似人格障碍患者刑事凶杀案后心理危机干预案例和精神障碍患者肇祸伤人事件心理危机干预等。之后，选取了由浙江大学出版社于2020年3出版的胡少华主编的《新型冠状病毒肺炎心理干预实战手册》为教材。该书介绍了疫情下的特殊社会环境和大众的心理变化，特别是诸如学生（尤其是即将参加高考、中考的学生）、残障人士、公务员等特殊群体的心理变化，还以扫二维码方式获得8个音频资料和7个视频资料。音频资料涉及了"腹式呼吸""'安全地'技术""呼吸放松训练"等内容。视频资料是"疫情下的心理干预"系列讲座的资料，此系列讲座由浙江心理咨询与心理治疗行业协会举办，内容涉及疫情防控环境中的自我心理调控和危机干预技术等。但此书中缺乏心理危机干预的组织与实施的框架性知识，故而老师在教学中将之前的《心理危机干预实用指导手册（第一版）》作为主要参考书籍，以补充此知识的系统性。

在安排教学内容时，为了让学生更系统地了解危机干预知识，结合学生学情，将心理危机干预的组织和实施及心理危机干预工作者本身的需要这两部分内容安排在具体的危机现场干预技术应用知识之前。由此，教学内容依序为应激、危机情境、心理危机、心理危机干预的组织和实施、心理危机干预工作者本身的需要、心理危机评估、心理危机干预技术等基本知识，基本理论和基本方法等内容。这样的做法，是帮助学生认识到危机干预是一项系统性工作，涉及政府组织安排、财政部门、交通部门、医学人员、后勤保障人员、精神卫生人员等多部门多学科人员，专业的心理危机干预技术的使用只是此项工作中的一部分。此外，专业的心理危机干预工作也需要平时的资料储备、人员训练和战时的人员调配等事务。心理危机干预事务涉及评估、干预、转介、跟踪等工作。心理危机评估的人群涉及重灾人群、现场紧密接触人群、受害者家属、医护或救援人员等系统性人群。心理危机的评估涉及了解来访者家庭财产损失、人员伤亡、自己身体创伤和心理应激反应等系统知识。心理应激反应又包括生理反应、情绪反应、认知反应、行为反应等系统性内容。心理应激反应还具有与时间相应的阶段性发展状态性特征。以上所列，都需要系统性思维。以上知识的讲解中，都多次提醒学生以系统性思维来理解这个知识点。

整合式教学需要教师将工作重心从讲授知识转移到价值观引导、能力培养和综合素养上。这需要教师改变习惯性思维和心智模式从而能起到促进学生发挥学习主体性（杜文彬、刘登珲，2019）。同时，也需要教师与时俱进、不断完善知识体系，以便该课程向学生提供的知识框架体系是与时偕行的。为此，教师在应对新冠肺炎疫情中不断学习与危机干预相关的知识，了解与危机干预相关的新闻信息，并将所学和所搜集的信息及时用于课堂教学中。

（二）实现促进学生知行合一功能的教学实践

教学实践中，教师以抓好第一堂课、让学生养成团队工作的意识、角色扮演、使用最新事件和教师言传身教等教学方式来促进学生知行合一。

在第一堂课中，教师向同学们讲授危机干预的核心要素是让来访者感受到"我们在一起"，以此来统领整个课程的教与学。同时，举出国内外心理危机干预工作者们的故事来帮助同学们明白，心理危机干预工作是一项有意义的工作，但需要心理危机干预工作者有系统且细致的专业训练、有团队协作能力。

课程教学过程中，教师让同学们组成小组进行讨论、课堂报告和课堂演示，以此帮助同学们每次上课的时候都有团队在一起工作的体验；在第一堂课中，安排学生自行组成小组，并准备好完成一次自主课堂，自主课堂的主题与危机干预有关，教学形式和内容由学生们自行选定和执行，同学反馈和提问，同学回答问题，老师点评。

救援人员和心理危机干预工作人员在工作中做好自我照顾是危机干预工作能顺利开展的有效保障（廖嘉敏等，2008；张天罡、刘本帅，2020）。每次课堂活动，教师都要提醒学生注意平时训练和提升自己的心理健康素养、领悟和体验团队成员给予自己的社会支持感、刻意做一些放松自己的身心疏导情绪的活动，在课堂上角色扮演之后注意及时"去角"，课堂上有问题或是有自我觉察都可以及时向老师求助和向大家分享，以此来帮助同学们养成做好自我照顾的习惯。

为了帮助学生们在对症干预这点上能知行合一，在每次课堂活动中，教师会设计灾难场景，让同学们设想在这样的场景中看到的人们的心理状态、言行举止，并让大家讨论在此场景中如何开展心理危机干预工作，由此帮助同学们意识到灾难场景中的个体和平常时候是有区别的，灾难场景让他们的脆弱很容易显现出来，其内心痛苦的状态、痛苦程度和心理的时期性都是很复杂的。在准备科普知识宣传资料时，让同学们设想自己到了一个跨文化的地方，为了能帮助当地老百姓及时了解心理健康教育科普知识，需要用他们的语言和文字。2022 年 3 月，我国发生了东航坠机事件，教师立即以此案例中的心理危机干预工作的实施来教导学生，促进学生们意识到此课程的系统性思维、应用性和专业性。

以上工作的心理危机干预工作者以“系、慢、细和稳”的状态来进行，教师在课堂中也是以讲授系统性知识、自身细致和耐心示范、让同学们反复练习基本技能等状态来促进学生知行合一。如，同学们学习教授来访者深呼吸放松，教师仅此内容就在三次课中涉及，让同学们意识到要以危机状态中的来访者的状态来指导自己对他们的教授和指导，此过程中还需要使用信息量少、易简便操作的语言来帮助他们放松、鼓励和激励他们能持续学习和练习身心安稳技巧。

学生们需要整理课堂笔记和查阅相关文献才能完成期末考试。学生们在课程教学过程中和课程结束之后，都觉得建立系统性知识框架体系与自主课堂相结合的方式促进了他们的系统性思维和知行合一，尤其是系统性知识框架体系帮助他们看到了自己所学和所掌握的某一心理危机干预知识或技能只是局部的知识、片面的经验，需要以系统性知识来给自己的这些知识和技能进行明确定位，帮助自己进一步将知识点与知识点之间进行融合与整合，从而促进自己应用技能的整体提升和创新操作。

三、结论与展望

此研究展现了在大健康理念背景下以整合式教学引领危机干预课程的教学的实践过程和经验。危机干预课程整合式教学模式中，设定教学目标、选取教材、组合教学方式、提升教师素养、培养学生自主课堂、教授知识、回答学生问题、指导学生回答问题等教学各个环节都需要注重以系统性知识和思维来指导，并以学生自身体验为载体来实现教育功能。学生反馈信息进一步支持了大健康背景下整合式教学方式能对培养学生系统性思维和促进学生知行合一起到单一的原子论教学和单一的经验论教学所不能达到的教学效果的观点。

教学过程中，教室里面桌椅固定，导致角色扮演时场景设置拟真性弱、学生的角色扮演体验性弱。研究过程收集的是学生反馈的主观文字信息，缺乏量化数据的支撑，后续研究中需要加入学生学习效果的实证研究。

参考文献

[1] 杜文彬，刘登珲 . 美国整合式 STEM 教育的发展历程与实施策略——与 Carla Johnson 教授的对话 . 全球教育展望，2019，48（10）：3-12.

[2] 林建 .“立德树人”理念下整合式教学在“心理危机干预”类课程中的探索与反思 . 公安教育，2022（3）：67-70.

[3] 廖嘉敏，罗咏美，冯淑敏 . 救援人员在灾难事件中的自我照顾 . 中国神经精神疾病杂志，2008（9）：517-519.

[4] 张天罡，刘本帅 . 浅谈救援人员的心理自我照顾 . 中国应急救援，2020（5）：48-51.

[5] 中华人民共和国教育部官方网站：乘势而上　狠抓落实　加快建设高质量教育体系——在 2021 年全国教育工作会议上的讲话 . http://www.moe.gov.cn/jyb_xwfb/moe_176/202102/t20210203_512420.html.

[6] 中华人民共和国中央人民政府官方网站：关于加强健康促进与教育的指导意见 . http://www.nhc.gov.cn/xcs/s7846/201611/05cd17fa96614ea5a9f02bd3f7b44a25.shtml.

大学生生活应激与躯体化症状的相关研究①

韩佩玉　郝冉冉　王亮生　张婷

一、引言

心理社会应激是导致大学生出现心理健康问题的重要因素。当人们遭遇打击或挫折时，大多数人会出现不同程度的消极情绪，如困惑，沮丧，烦躁，痛苦，甚至是焦虑和抑郁。但有些人则不然，或许他们更多感受到身体某些部位出现不适，如头痛头晕、心脏不适（心跳加快）、呼吸不畅及胃肠道反应如恶心呕吐腹泻等。经过系统而规范的医疗诊断，排除器质性病变，这时候需要留意，是否是心理问题的"躯体化"表现。躯体化症状是以"心身"症状为特征的症状群，它是对心理痛苦的意识或表达，是一种心理防御方式。躯体化症状最常累及神经系统、胃肠道系统、心血管系统，常见主诉为疲劳、睡眠问题、肌肉疼痛、头痛等。躯体化症状在抑郁症患者中普遍存在，抑郁症患者的躯体化症状和抑郁症状关联程度较高，躯体化症状可加重抑郁症患者的抑郁症状。4.9% 的存在抑郁症状的大学生伴有躯体化症状。Simon 等对来自 15 个地区的 1146 例重度抑郁症患者的分析显示，半数患者报告了多种无法解释的躯体症状。Novick 等研究表明，抑郁程度越严重，其伴发的

① 依托项目：西南民族大学"健康心理学"一流本科课程和课程思政建设项目。

躯体化症状也越严重。提示躯体化症状检出率与抑郁严重程度密切相关。此外，焦虑障碍患者、神经衰弱患者也常常倾向于强调躯体症状以及躯体症状的表达。焦虑障碍患者常常报告自己有较多的躯体症状。大多数人在遭遇心理问题时，个体通过躯体症状来表达情绪，通过躯体症状表达情感问题被视为避免引起焦虑的一种方式。因此，在大学生心理健康教育教学过程中，不仅要学生掌握异常心理症状的识别，更要加强学生对躯体化症状的了解和识别，为对心理问题的及时有效干预提供保障。

二、研究对象与方法

（一）研究对象

本次调查采取整群抽样的方式对某高校在校大学生进行集中施测。共发放问卷 478 份，回收有效问卷 463 份，回收率 96.86%，其中大一年级 197 份、大二年级 185 份、大三年级 81 份。

（二）研究工具

症状自评量表（SCL–90）是由美国 Derogatis LR 在 1975 年编制而成的，该表包含 9 个因子，即躯体化、强迫症状、人际关系敏感、抑郁、焦虑、敌对、恐怖、偏执和精神病性。各项目均采取 1 ~ 5 级评分，总症状指数的分数在 1 ~ 1.5 之间，表明被试没有症状；在 1.5 ~ 2.5 之间，表明被试有症状，但发生并不频繁；在 2.5 ~ 3.5 之间，表明被试有症状，其严重程度为轻到中度；在 3.5 ~ 4.5 之间，表明被试有症状，其程度为中到严重；在 4.5 ~ 5 之间表明被试有症状，强度都十分严重。该量表在本研究中的 α 系数为 0.977，信度良好。

大学生生活应激问卷（SLSI），是由 B.M.Gadzella 于 1991 年根据大学生在校园中所遇到的应激时间及其引起的生理和心理反应编制的，用来了解大学生在校期间所面临的冲突、挫折、变化、压力等应激源及大学生对这些应激源作出的生理、情绪、认知和行为反应。该量表由王欣进行本土化修订。量表分为两大维度：应激源和应激反应，其中应激源包含 5 个因子，分别为挫折、冲突、压力、变化、自我强加；应激反应包含 4 个因子，分别为生理反应、情绪反应、行为反应、认知反应。其中生理反应中的 14 道躯体化症状为本研究的主要躯体化症状来源。每题以五级计分，前八个因子为正向计分，认知因子为反向计分。总分为 9 个因子的各题得分和，得分越高被试所面临的生活应激越强，产生的应激反应越大。该量表在本研究中的 α 系数为 0.909，信度良好。

（三）数据处理

本研究先剔除数据大量缺失的问卷，再对有效问卷编码，最后采用 SPSS26.0 进行数据录入和分析。

三、研究结果

（一）被测大学生心理健康状况整体情况

本研究中，被试大学生的不同心理问题的总检出率为 1.38% ~ 1.59%，其中躯体化、人际敏感、强迫、抑郁等心理问题比例较高（见表 1）。通过与 2008 年全国大学生心理健康 SCL–90 常模比较，结果显示，除焦虑与恐怖两个维度外，本研究的被试大学生在 SCL–90 上的得分均低于常模结果。采用独立样本 t 检验对高分组的男女被试进行分析发现，SCL–90 总分在不同性别之间不存在显著差异（$t=-0.678$，$p>0.05$）。采用方差分析对“高分组”进行年级间比较，不同年级之间差异不显著（$F=2.11$，$p>0.05$）。

表 1　SCL–90 测试结果分析

SLSI	受测大学生（n=463）	全国大学生常模（n=4141）	t	心理问题检出率（%）
人际敏感	1.52 ± 0.60	1.88 ± 0.63	−11.72*	1.58
躯体化	1.39 ± 0.52	1.45 ± 0.49	−2.48*	1.59
强迫	1.93 ± 0.66	1.98 ± 0.63	−1.61	1.51
抑郁	1.70 ± 0.65	1.74 ± 0.62	−1.31	1.51
焦虑	1.63 ± 0.65	1.61 ± 0.55	0.73	1.47
敌对	1.49 ± 0.59	1.61 ± 0.62	−3.97*	1.45
恐怖性	1.39 ± 0.55	1.38 ± 0.49	0.41	1.40
偏执	1.52 ± 0.55	1.72 ± 0.62	−6.65*	1.38
精神病性	1.54 ± 0.55	1.59 ± 0.54	−1.89	1.51

注：*p 代表 <0.05

（二）SCL–90 高低分组的生活应激情况比较

以 SCL–90 总分高于 190 的大学生为高分组，总分低于 190 分的为低分组，将这两组的 SLSI 的各因子得分进行比较，发现在 SCL–90 的高分组的 SLSI 各因子的得分除认知反应外普遍高于低分组，且差异显著（见表 2）。说明 SCL–90 得分越高，其心理健康水平越低，感受到的挫折、冲突、压力、变化等越大，产生生理反应（躯体症状）和情绪行为反应越强烈。SCL–90 得分越低，则相反。

表 2 SCL–90 高低分组的 SLSI 分比较

SLSI	SCL–90 低分组（n=399）	SCL–90 高分组（n=64）	t
挫折	16.36 ± 3.77	19.77 ± 3.54	–6.77*
冲突	6.97 ± 2.20	8.13 ± 2.09	–3.92*
压力	11.93 ± 2.79	13.59 ± 2.51	–4.48*
变化	6.35 ± 1.92	8.02 ± 1.88	–6.46*
自我强加	16.74 ± 3.75	18.55 ± 4.12	–3.53*
生理反应	23.28 ± 6.44	31.66 ± 7.6246	–9.41*
情绪反应	6.98 ± 2.39	9.19 ± 2.12	–6.97*
行为反应	13.02 ± 4.27	18.61 ± 4.81	–9.57*
认知反应	5.55 ± 1.95	5.58 ± 1.50	–0.12

注：*p 代表 <0.05

（三）不同心理问题倾向与应激源的相关分析

将 SLSI 的五类应激源与 SCL–90 的九类心理问题倾向进行皮尔逊积差相关分析发现，SCL–90 各因子与 SLSI 的五类应激源均有相关性，除强迫因子与五类应激源的相关不显著以外，其余八类因子与五类应激源均有显著相关。

表 3 心理问题倾向与五类应激源的相关分析

变量	挫折	冲突	压力	变化	自我强加
人际敏感	0.35**	0.19**	0.30**	0.34**	0.25**
躯体化	0.25**	0.22**	0.11*	0.27*	0.11*
强迫	0.31	0.15	0.30	0.29	0.23
抑郁	0.33**	0.17**	0.27**	0.29**	0.16**

续表

变量	挫折	冲突	压力	变化	自我强加
焦虑	0.27**	0.16**	0.23**	0.24**	0.18**
敌对	0.20**	0.13**	0.15**	0.18**	0.13**
恐怖性	0.24**	0.18**	0.11*	0.24**	0.16**
偏执	0.24**	0.18**	0.22**	0.23**	0.23**
精神病性	0.33**	0.14**	0.23**	0.35**	0.22**

注：*p 代表 <0.05，**p<0.01

将 SLSI 的五类应激源与 SCL–90 的九类心理问题倾向进行线性回归分析发现，SCL–90 的九类心理问题均有相应的应激源可以进行预测（见表 4）。其中变化是一个能够正向预测多类心理问题倾向的因子，变化对强迫、恐怖性、偏执、精神病性均有较为显著的回归分析结果。此外，变化也会带来人际敏感性的提高，躯体化症状的加剧等。而压力对人际敏感、强迫的回归分析结果也较为显著，也可作为一个正向预测的因子加以考虑。挫折主要对抑郁以及焦虑有显著的回归分析结果。值得注意的是，自我强加在偏执中的显著的回归分析结果，对偏执心态的预测作用有较为直接和针对性的作用。

表 4　心理倾向与五类应激源的回归分析

因变量	自变量	R^2	B	Beta	t	p
人际敏感	压力	0.18	0.02	0.13	2.54	0.01
	变化	0.19	0.03	0.17	2.41	0.02
躯体化	变化	0.21	0.03	0.14	3.12	0.00
强迫	压力	0.15	0.02	0.17	3.47	0.00
	变化	0.16	0.03	0.14	2.93	0.00

续表

因变量	自变量	R^2	B	Beta	t	p
抑郁	挫折	0.18	0.02	0.22	4.69	0.00
焦虑	挫折	0.15	0.01	0.15	3.15	0.00
恐怖性	变化	0.15	0.02	0.13	2.88	0.00
偏执	变化	0.11	0.02	0.12	2.48	0.01
	自我强加	0.12	0.01	0.11	2.28	0.02
精神病性	变化	0.19	0.05	0.25	5.57	0.00

（四）不同心理问题倾向与生理反应的相关分析

将SLSI的生理反应与SCL–90的九类心理问题倾向进行皮尔逊积差相关分析发现，SCL–90各因子与SLSI的躯体反应均有较为显著的相关性（见表5）。

表5 心理倾向与生理反应的相关分析

SCL–90各因子	躯体反应
人际敏感	0.35**
躯体化	0.44**
强迫	0.33*
抑郁	0.38**
焦虑	0.37**
敌对	0.35**
恐怖性	0.37**
偏执	0.31**
精神病性	0.38**

注：*p<0.05，**p<0.01

将 SLSI 的生理反应与 SCL–90 的九类心理问题倾向进行线性回归分析发现，生理反应对 SCL–90 的九类心理问题倾向的回归分析结果均较为显著（见表 6）。因此，大学生在应激状态下出现的生理反应，即一些躯体化的症状是可以正向预测大学生的心理健康水平的，对于大学生的心理问题的预测作用也不容忽视。

表 6　心理倾向与生理反应的回归分析

因变量	自变量	R^2	B	Beta	t	p
人际敏感	生理反应	0.17	0.01	0.23	5.03	0.00
躯体化	生理反应	0.19	0.02	0.39	8.89	0.00
强迫	生理反应	0.11	0.01	0.23	5.04	0.00
抑郁	生理反应	0.14	0.02	0.29	6.37	0.00
焦虑	生理反应	0.14	0.02	0.32	6.82	0.00
敌对	生理反应	0.12	0.02	0.35	8.13	0.00
恐怖性	生理反应	0.14	0.02	0.33	7.11	0.00
偏执	生理反应	0.10	0.01	0.23	4.80	0.00
精神病性	生理反应	0.14	0.01	0.29	6.54	0.00

四、讨论

（一）被试大学生心理健康状况整体水平较高

本研究中，被试大学生的心理健康整体水平较高，但在人际敏感、强迫和抑郁等方面的心理问题较为突出。究其原因，可能有以下几个方面：首先，中、小学阶段，少有学校开展相应的人际关系教育，尤其很多学生在大学之前没有经历过独立生活，不善于处理与室友、同学和老师的关系，过度的自卑或者自负，过高的自尊和过低的自尊水平都会带来人际关系的敏感与紧张；其次，中、小学阶段，应试教育模式下的学校教育和家庭教育，培养的学生更多是循规蹈矩地应付各种科目的考试，产生的焦虑情绪、抑郁情绪等得不到及时的发现与干预，很多学生在进入大学之前就形成了一些强迫观念和强迫行为，例如反复检查等；最后，日益激烈的社会学习竞争、学习生活带来的一些经济压力，未知的就业压力，与先前不同的学习方式，难以处理的感情问题等，让部分大学生产生了抑郁的情感。而SLSI量表的各因子高低得分与SCL-90的高低分组的得分有相同的趋势，说明两种自评问卷在本组大学生的心理健康评价中具有较高的一致性，两者能在不同的角度为评价大学生的心理健康状况做出参考。

（二）不同心理问题倾向与应激源的分析

基于应激的心身模型，将心理功能与生理功能互相联系起来，对于提高大学生的心理健康水平有更多的参考建议。而通过参考SLSI的应激源与SCL-90的各维度心理问题的相关分析和回归分析的结果可以看出，变化是引起当代大学生心理问题的一个主要应激源。大学阶段是一个人成长发展的重要阶段，大学生生理发育基本成熟，但心理发展尚未稳定。大学阶段，会面临着多重人生任务，需要探索和回答诸多人生问题，如交友与择偶、择业与就业、学习与生活、社会发展与个人成才等，这比起“两耳不闻窗外事，一心只读圣贤书”的高中生活复杂了很多。在大学，学习已不仅仅是大学生唯一的任务，面对竞争意识增强、生活节奏和工作节奏加快的各方面压力，大学生在学习、活动和交往等方面会面临诸多变化，而大学生正处于自尊需要强烈满足的阶段，更渴望得到社会认可、接受和赞许，在无法及时有效地调整自己的学习工作生活模式来应对这些变化时，大学生出现强迫、恐怖性、偏执、精神病性的心理问题的可能性会提高。因此在大学生的各阶段的变化期，如大一新生进校，大二的专业方向确定时期以及大三面临未来规划的具体实施阶段时，要尤为重视心理健康教育工作的开展，以预防心理问题的产生，提高大学生的心理健康水平和自我调节能力。而挫折情境主要引起大学生的焦虑和抑郁情绪，自我强加等主要引起大学生的偏执情绪，这说明应激源对心理健康有着直接或者间接的作用。

（三）不同心理问题倾向与躯体反应的分析

大学生作为重要的社会群体，自我意识发展迅速，越来越关心自己的社会地位和他人对自己的评价，希望得到认可，表现出强烈的自尊需要。中国人躯体化的表现有着深深的文化因素，是心理感受无法正常表达的产物。躯体疾病很容易表达和被理解，而心理疾病在某种意义上被赋予了“羞耻”感，导致心理问题的自检率低，求助动机不强烈，甚至采取回避态度。大学生心理问题的躯体化症状表现较为明显，而生理反应可以对大学生的心理问题的出现有正向预测作用。

五、教育启示

（一）重视躯体化症状在大学生心理问题识别中的重要作用

躯体化常常作为其他心理疾病的并发症存在，抑郁是较为常见的躯体化诱因。四分之三的抑郁患者都存在躯体化的现象。这就导致许多人在最初寻求医疗支持时未能及时得到适当地诊断。疼痛是随着抑郁出现的常见反应。躯体化也是焦虑的常见表现，比如惊恐发作、胸口疼痛、头痛、眩晕等。同时这些症状会导致恐惧以及对身体疾病的不断怀疑和担心。这些想法同时又再次加剧了焦虑的症状。并且焦虑往往会导致患者在确认不存在生理疾病后，仍然频繁地寻求医疗支持。焦虑所导致的躯体化，一般是由于对于身体不适的选择性关注，以及更高度的觉察，这些导致个体对于自己健康状况的认知产生了负面的偏差。团体或个体的心理咨询是对躯体化症状有效的干预方式。在缓解个体焦虑和抑郁情绪的同时，重建个体对于压力更健康的应对方式。

（二）提高心理疾病“去污名化”的宣传教育

研究表明，心理疾病患者的病耻感要显著地高于癌症患者的，46.2% 的受访者认为心理脆弱的人才会有心理问题，26% 的人认为心理“有病”才需要做心理咨询。很多人对心理咨询和心理疾病持如此消极的态度。通过为心理疾病“去污名化”，可以减少病人因患病导致的巨大心理落差，减少患者的病耻感，给心理疾病患者及家人一个包容的诊疗和照护环境，这也是一种医疗人文关怀。

众多研究证明，社会支持、家庭的宽容、温暖的环境氛围是患者能否良好康复的重要因素。遭受心理疾病困扰的人们，往往感到在与来自全世界的偏见和恶意作对，如果家庭成员再不和患者站在同一边，那么他们便真成了孤立无援。

参考文献

［1］陈硕 . 大学生生活事件与心理健康的关系：情绪调节与心理韧性的作用 . 西宁：青海师范大学，2018

［2］Anderson G, Berk M, Maes M. Biological Phenotypes Underpin the Physio–somatic Symptoms of Somatization, Depression, and Chronic Fatigue Syndrome. Acta Psychiatr Scand, 2014, 129(2): 83–97.

［3］廖力维，方乐，许晶晶，等．抑郁症患者躯体化症状与抑郁症状的关联研究．预防医学，2019，31（3）：284–288

［4］李纯，马雪梅，陈琛，等．新冠肺炎疫情期间大学生抑郁伴躯体化症状情况及影响因素．四川精神卫生，2021，34（2）：153–157.

［5］Simon GE, VonKorff M, Piccinelli M, et al. An International Study of the Relation between Somatic Symptoms and Depression. N Engl J Med, 1999, 341(18): 1329–1335.

［6］Novick D, Montgomery W, Aguado J, et al. Which Somatic Symptoms are associated with an Unfavorable Course in Asian Patients with Major Depressive Disorder. J Affect Disord, 2013, 149(1–3): 182–188.

［7］于皖豫．当焦虑遇上躯体化症状，该如何应对？心理与健康，2022（8）：92–93.

［8］Ryder AG, Yang J, Zhu X, et al. The Cultural Shaping of Depression: Somatic Symptoms in China, Psychological Symptoms in North America. J Abnorm Psychol, 2008, 117(2): 300–313.

［9］仲稳山，李露．全国大学生 SCL–90 新常模构建问题研究．中国校医，2009，23（3）：251–253,256.

［10］黄洁，张慧勇，商士杰．心理弹性对大学生心理应激与心理健康关系的中介作用．心理与行为研究，2014，12（6）：813–818.

［11］孙梦玉．医学生焦虑、社交恐惧和躯体化的关系研究．桂林：广西师范大学，2016.

［12］黄艳苹，李玲，雷良忻．大学生应激源、应对方式及其对心理健康的影响．中国心理卫生杂志，2005（7）：16–17.

［13］辛自强，张梅，何琳．大学生心理健康变迁的横断历史

研究 . 心理学报，2012，44（5）：664–679.

［14］史梦薇，单慧逸 . 文化心理学视野下“躯体化”现象成因分析 . 兴义民族师范学院学报，2015（2）：91–94.

［15］Lipowski Z. J. Somatization: the Concept and Its Clinical Application. The American Journal of Psychiatry, 1988, 145(11): 1358–68.